社畜也可以很優雅

塊娜（陳雅惠）著

作者序

「什麼？妳開始上班？」、「哇，妳竟然做 100%的全職工作？」、「難怪，妳看起來這麼累。」當瑞士圈的親友得知我開始上班時，他們的反應大都很驚訝。幾個臺灣朋友更無法理解，為什麼我會突然投身瑞士職場？有的人甚至認為我一定是哪裡想不開，才會做出這樣的決定。尤其，在這個只有四成女性工作者上全職班的國家，我天天上班似乎不太正常，太猛了。

自從我從瑞士地方太太變成上班族，我平日留下最多生物足跡的地方，便從自家公寓移至辦公室。過去，我時常一個人窩在家，老公話又少，幾乎快要得失語症。相反地，這 14 個月以來，我每天像巨星一樣忙著跟同事打招呼說話，休息時間還得加碼喝咖啡閒聊。除此之外，我更肩負一項重要的任務——搞懂瑞士職場。

在亞洲，領死薪水的上班族似乎無法脫離遲到扣錢、無薪加班或生病不敢請假的魔咒，通常帶點兒悲情的成分（老師，音樂請下）。我曾經是在臺北走跳多年的上班族，因此當我進入瑞士職場，便帶著在臺灣工作時累積的（前世）記憶，凡事卑躬屈膝。不過，很快地我便發現這是行不通的……。

我在書中分享多篇故事，以及針對當地辦公室文化、工作制度與做事方法的個人觀察。因為我們天天花費大約 8 小時在工作崗位上，和同事相處的時間可能比交往對象還要長，所以工作日常一定要好（握拳）。希望這本書可以為你帶來正面的影響。不然，開心閱讀，增廣見聞，也很好。

感謝這 14 個月的日子以來，我接觸的所有同事與朋友們。你們都是我寫作的靈感來源。書中人物的名字幾乎全以英文字母取代，有的國籍也做了更變。而且，某部分的故事內容和對話更做了改寫。套入書中提及的某個概念——遵守 GDPR，保護隱私很重要呢。

瑰娜　2019 年 5 月寫於蘇黎世

序幕
——地表最競爭的求職市場

其實，我下意識排斥在瑞士找工作，多多少少出自於自己的鴕鳥心態，因為我在瑞士的臺灣八卦圈，不，是在臺灣親友團聽過太多「工作難找」的第一手與第二手消息。雖然我不當嬌羞少女已經很久了，臉皮也隨著角質層堆積而越來越厚，但是大嬸也有一顆玻璃心，不希望自己變成瑞士工作市場裡的炮灰，確切的說是炮灰散落時分解出來的小屑屑。

自從下定決心找工作後，我每天花最多時間瀏覽的線上平臺便從臉書移至各大求職網。如交友網站可以細分為純情版、打炮用、LGBT 和教友聯誼等，瑞士的人力銀行也劃分成 IT 業、餐飲業與飯店業等專用平臺。我每天就在多個綜合型及產業專用網站遊走，只要看到合意的職缺便會寄出老公事先幫忙訂正的「瑞士格式」

履歷表和自薦信。親自體驗一段時間以後，我必須說這裡臺灣圈盛傳的「在瑞士求職很難」是千真萬確的事。因為在兩個多月裡寄出幾十封求職信之後，我獲得的面試機會只有區區一個……。

老公，我找不到工作

我是學外語出身的，完全不具備各個職場專家強調此生必有、不會被取代，否則會後悔一輩子的專業技能。不過，因為臺灣仰賴外語人員從事出口外銷業務，所以會說英語和法語的我在家鄉從來不愁沒有工作。然而，移居瑞士後，我便不再是臺灣人口中的「外語人才」。說真確一點兒，在這個出產九舌鳥，連 70 歲老奶奶和水電工都會說英語的國家，我只是一條魯蛇呀。

最初，我在瑞士求職的首選是辦公室的職務。我在人力銀行網站發現不少我做得來的初階工作，例如：專職接聽電話、接待客戶、安排行程和整理文件的助理，但是上頭大都標註應徵者必須以瑞士德語或高地德語為母語的條件。這代表，如果想得到這樣的工作，我只能

燒香拜佛，期望下輩子在瑞士、德國或奧地利投胎了。

　　我也有意回頭從事我熟悉的外銷工作，但是當地企業通常嚴格要求出口業務員必須具備高度的產品專業知識，而沒有任何專長的我自然只能成為炮灰裡的小屑屑。在我收到的眾多謝絕信之中，一家瑞士自動咖啡機公司是這樣好心提醒我的：「感謝您應徵外銷業務員的職缺。我們審閱了您的文件，可惜您的履歷並不符合職務的條件。這個工作需要具備專業的咖啡知識，以及全自動咖啡機的技術實學。」

　　原本，我使出百分百的戰鬥力尋覓辦公室工作。然而，在含淚收下許多回絕信的情況下，我決定使出臺灣人最強大的特質——人情味，不，是彈性。我把求職目標擴大至說中文的飯店櫃檯人員和精品銷售員，希望可以至少求得面試機會。

　　不過，就算調整了目標，我收到正面答覆的次數仍舊是「零」。其實，我算有良心，不曾埋怨這些飯店和商家無情。畢竟，在徵才廣告上，他們註明求職者必須是科班出身的或者擁有相關工作經驗。既然無酒店櫃檯

人員或銷售員的工作經驗，加上又是難以調教的大齡女子，我自然在履歷篩選這關被刷下來。

在這段期間，老公幾乎天天關心我找工作的進度，而我只能給他最壞的消息。不過，他通常也只回我一句：「繼續努力。」不會多說什麼。其實，身為瑞士金牌技職教育出身，擁有一身專業技能又會操瑞士德語、高地德語、法語和英語的國家棟梁，他便曾經花了好一段時間才找到合意的工作。對我這條魯蛇，理所當然不能期望太多。

西班牙清潔工給我的啟示

我的心情抑鬱好久，某天便忍不住向公寓的清潔人員訴苦。我從來不知道他的名字，但是這位身材矮壯深髮色的西班牙小哥總會固定在週三現身打掃公共樓梯間。如果湊巧跟他碰面，我都會和他閒聊幾句。

「唉，我最近在找工作，但是一直找不到。好難找呀。」我說話的聲調幾乎跟我的自信心一樣低了。

原本，我期待對方會至少說點兒安慰人的話，沒想到他一臉不解，以認定眼前這位亞洲太太很無能的口吻表示：「在瑞士，工作怎麼會難找？」

　　不過，在潑了我一桶南極冰水之後，他隨即切換成熱力暖男模式說：「來，我跟妳推薦一個超好用的求職網站。」

　　我還來不及反應，他便從口袋掏出帶著餘溫的手機，按壓幾下說道：「我就是在這裡找到工作的。記得登錄自己的資料，如果有媒合的職缺，網站會主動發送通知給妳。」

　　我湊過去看了螢幕一眼，那是我曾經瀏覽的綜合型求職網站。其實，因為瑞士各大綜合型求職平臺的職缺都差不多，所以我只固定使用兩、三個界面比較熟悉的。但是，我還是禮貌性地向他道謝：「謝謝，我會試試看。」

　　接著，西班牙人又追加提出一個絕妙主意：「不然，妳也可以去燙衣服。我有幾個朋友就是在幹這個活

兒的，在這個網站找得到職缺哦。」

聽到這裡，我的心已經滾落太魯閣峽谷，低到看不見了。別誤會我，我認為職業不分貴賤，也不排斥勞動活兒。不過，我從小接受考試機器養成教育，平日除了讀書，就是吃喝拉撒睡，很少做家事。就算現在身為人妻，我做家務的能力仍舊遠遠不及瑞士人的變態超高標準。更何況，我燙衣服的經驗值為零，根本做不來對方提議的工作。因此，小哥的主意讓我一時說不出話來，只能匆匆地向他告別。

和清潔工的對話讓我做了自我反省，也深刻體悟了兩件事。第一：我在瑞士的求職市場完全不具競爭力，我不只是魯蛇，根本是廢人來著的。第二：在瑞士工作這麼難找，如果我能獲得一份工作，擁有固定收入，就要拿香跪天謝地了。

臺灣有北漂，歐洲有瑞士漂

我必須說，瑞士是地表上求職市場最競爭的國家

了。為什麼？原因很簡單，也很俗氣，都是因為薪水高呀。在這個富裕的國度，基本上只要擁有一份工作，便能獲得體面的薪資，例如：銷售員和服務生一個月大約可以掙得 4,000 瑞郎（新臺幣 12 萬元），語言老師一小時賺 45 瑞郎，而速食店服務員的時薪落在 20 瑞郎左右。如果在金融業與製藥業等專業領域工作，平均月薪更高達 9,500 瑞郎（新臺幣 30 萬元）以上。

依據 2015 年底瑞士統計局發布的資料，2014 年瑞士平均全職月薪是 6,189 瑞郎，折合新臺幣大約 20 萬元。① 這個數據比德國、法國和義大利高上兩、三倍，更是硬生生比臺灣月薪中位數的 3.9 萬元多了五倍。②

有的臺灣網友會以看衰瑞士的口氣酸溜溜地說：「雖然他們賺得多，但是生活費也高。哪有比較好？！」但是，依據世界銀行的數據，2017 年瑞士的購買力平價位居世界前 10 名。縱使物價高，只要你在瑞士擁有過得去的收入，便能享受高品質的生活，還可以增加存款。我的一位中國朋友 Y 和義大利夫婿過去在北義上班，現今兩人在蘇黎世都擁有穩定的工作。Y 曾經告訴我，雖然瑞士生活費比義大利高，但是因為收入加倍，

他們的存款也加倍。他們打算能在瑞士待多久就待多久。

向錢看是人類的天性。為了賺取優渥的薪資，大批臺灣中南部和東部年輕人會告別家鄉北上謀生。在歐洲，許多人則蜂擁至阿爾卑斯山小國工作。在邊界開放的情況下，瑞士人的鄰居義大利人、德國人、法國人和奧地利人，以及被母國高失業率逼迫出走的西班牙人和葡萄牙人等，自然而然便來到這裡尋找淘金的機會。所以說，如果臺灣有北漂，歐洲就有瑞士漂囉。

人才，人才，我愛你

其實，瑞士人早有自知之明，明瞭自己的國家小、人口少、自然資源也少，因此他們致力打造世界有口皆碑的教育體系，培育適用於各行各業的專業人士，藉此提升國家競爭力。而且，除了自行製造，他們還擅長偷呷步，以最省力的方法獲得人才——用搶的。

阿爾卑斯山小國如何搶奪人才？無論政府實施對外

國人多麼友善的技術移民法令，例如：蘇黎世聯邦理工學院的新聘外籍助理教授可以立即取得 C 證永久居留卡，但第三國麻瓜必須等 10 年才能拿到，我必須再次俗氣地說，吸引國際人才的關鍵還是「錢」。畢竟，在這個人吃人的世界，有錢才能避免自己成為砧板上的那塊肉。如果有能力賺取高薪，何不告別家鄉父老、離開祖國？更何況，瑞士擁有高品質的生活，治安良好，適宜人居。

當然，這招奏效。瑞士的薪資水準名列世界前茅，蘇黎世更打敗舊金山和紐約等大城市，成為全球薪水最高的城市，2016 年平均月薪高達 7,820 瑞郎（新臺幣 23 萬 6 千元）。③ 當地優渥的薪資不只留住本地人才，也吸引國際頂尖菁英。根據洛桑管理學院（IMD）公布的 2018 年全球人才報告，瑞士便連續五年排名第一，是世界重要的人才中心。④

可見，瑞士是地表上就業市場競爭最激烈的國家。除了本地的專業人才，這裡還有許多外國白領精英，以及在「人員自由移動協議」下前來撈錢的歐洲人。來自世界各地的人們齊聚於此，在殘酷的人力市場殺得你死

我活。當然，我和他們一樣，也嚮往在這裡工作，賺取人人羨慕的高薪。可惜，因為沒有任何專業技能，就算擁有工作權，我也差不多死在瑞士的勞動力市場了。

　　在瑞士求職期間，我體驗堪比當年在臺灣婚姻市場的處境，可以說是我另一個人生黑暗期。我的自尊如清朝末年的民族自信心，幾乎崩潰殆盡。慶幸，後來事情有了轉機。這又是另外一個故事了⋯⋯。

---

① Schweizerische Lohnstrukturerhebung 2014 (https://www.bfs.admin.ch/bfs/en/home/statistics/catalogues-databases/press-releases.assetdetail.39777.html)
② 106 年工業及服務業受僱員工全年總薪資中位數及分布統計結果 (https://www.stat.gov.tw/ct.asp?xItem=43645&ctNode=6357&mp=4)
③ 7820 Franken – Löhne in Zürich so hoch wie noch nie (https://www.stadt-zuerich.ch/prd/de/index/ueber_das_departement/medien/medienmitteilungen/2018/november/181128a.html)
④ Switzerland leads the 5th consecutive edition of the IMD World Talent Ranking

(https://www.imd.org/news/updates/imd-world-talent-ranking-2018/)

目錄

Part1　強者我同事的工作哲學

Part2 我們與幸福企業的距離

Part3　高價值人才是這樣練成的

培養下班後的嗜好，讓生活更多采多姿。

Part 1

強者我同事的
工作哲學

工作中不可承受之重
——保護資料

　　在瑞士生活的幾千個日子以來，我深刻感受當地人對於隱私權的重視。在社交平臺，我發現幾乎每位瑞士親友都是重度潛水客，通常只會查看訊息，鮮少浮出水面。假使他們做了分享，也大都是無關痛癢的事。而且，他們也不太會三姑六婆魂上身，問起別人的婚姻狀況、收入和年齡等，抑或輕易評斷他人的私事。

　　在職場上，員工通常只要與代理人做好協調，便能向公司告假，不用交代請假原由的細節。尤其，在本地工作的經驗讓我深刻體會隱私權涉及的面向廣泛，保護資料更是一種對自己與他人的責任。

歐洲主管的叮嚀

在上班的第一天，德國主管 D 便像魔法師一樣，向我展現了一個神奇的小技巧。當時，他特地來我的座位說道：「記得每次離開座位時，一手按 Ctrl 和 Alt 鍵，另一手壓 Del 鍵。接著，在螢幕跳出來的幾個選項中選取『登出電腦』。這樣一來，系統便會鎖住權限，沒有人可以趁妳離座時查看妳的電腦。」

另一起在辦公室發生的小事件也讓我覺得不可思議。在某天下班的前一刻，我完成了上個月的出勤時間表（Time Sheet），準備呈交 D 簽名。不過，因為他暫時離開座位，我又不想讓接我下班的先生等候太久，所以我隨手把文件正面朝上放在他的辦公桌，接著便匆匆離去。

隔天一早回到辦公室，我注意到一件不尋常的事──我的電腦鍵盤上竟然覆蓋了一張白紙。神經大條的我翻開一看才發現，其實那是自己的出勤時間表，而且上頭還新增了 D 的簽名。原來，昨天主管在簽名後特別把文件翻面歸還給我。

他這樣謹慎的做法，讓我認真做了自我檢討。辦公室裡的同事來來往往，事實上只要把文件放在桌上，便存在被他人翻閱的風險。如果把紙張的正面朝下，至少可以避免路過的同事瞥見內容，也比較不會引發他人閱讀的好奇心。

當我在臺灣上班時，我從來沒有想過一旦離開座位，他人便可能趁機查看我的電腦，也未曾思考內部文件應當如何放置。因此，德國主管的做法讓我驚呼：他對於隱私權是如此重視，甚至考量了我未曾顧慮的細節。而且，仔細思索，雖然這些只是簡單不過的小動作，卻能避免不必要的資料外洩。總括來說，過往我實在太缺乏保護隱私的觀念，這兩起事件可以說是幫我補了腦洞。

鋪天蓋地而來的 GDPR

關於西方人對資料保護的重視，可以從當地嚴謹的法規窺知一二。1992 年瑞士聯邦議會通過《瑞士聯邦資料保護法》（Federal Data Protection Act），並於隔年生

效。2018 年歐盟的《一般資料保護規範》（General Data Protection Regulation, GDPR）更於全境上路。雖然瑞士非歐盟成員國，但是會配合 GDPR 修法，而且境內眾多跟歐盟關係緊密的跨國公司也會特別引入 GDPR 的規範。

什麼是 GDPR？只要是可以辨識個人身分的資料或任何涉及隱私的訊息，包括：種族、宗教、性向、政治傾向和生物資料等都不得洩露，必須妥善保護。另外，資料收集必須具有正當性，數據準確，並盡可能地把訊息量降到最低。無論資料控制者或處理者都受到嚴格的規範。最重要的，當事人有權決定如何處理個人的資料，甚至可以行使被遺忘權，讓 Google 大神刪除自己那些見不得人的過去呢。

因為我就職的公司為跨國企業，內部又多來自歐盟的雇員，所以特別重視 GDPR。如眾多企業，公司特地招聘 GDPR 資料保護專員，合作廠商必須簽訂 GDPR 協定，而櫃檯人員得定期清除儲存在電腦硬碟內的訪客資料……。另外，許多部門也進行了 GDPR 訓練，我便藉此機會學習了資料保護的規範。好一陣子，同事之間

最夯的話題就是:「你上課了嗎?」你可以說,GDPR
像暴風席捲了公司,影響了每個人。

　　我不斷思考如何界定隱私。面對眾多歐洲同事時,
我會提醒自己更加謹慎,不洩露他們的私人訊息,不然
一不小心我便可能侵犯了他們文化定義的隱私權。另
外,在接受 GDPR 訓練後,我也更加懂得保護經手處理
的大量個資,盡力避免違反《瑞士聯邦資料保護法》和
《一般資料保護規範》。除此之外,保護自己的資料更
是一種必要呀。

自己的時間自己管理
——只有一種功能的門禁卡

在上班的第一天，我踩著輕快的腳步去公司櫃檯辦理報到手續，領取個人門禁卡與筆記型電腦。接著，我滿懷愉悅的心情移動至指定部門，跟每位同事握手打招呼，認識新環境……。我開心得像初來乍到某地的小狗，急促地呼吸整個辦公室的空氣。如果可以，我好想把腳踩在每個看得到的角落、跟每個人說說話，只差不會抬腿做記號。

很快地，我注意到許多同事配戴一條繫有個人專用門禁卡的掛繩，或放在口袋裡。在踏入各個辦公室空間之前，我們都得以門禁卡按壓感應器，待嗶一聲門鎖解開，便能進入。不過，公司裡有兩個工程部門的辦公室，只允許特定的員工進出。

過去，我在一家臺灣公司上班時也持有一張類似的卡片。不過，它最大的功能是用來記錄員工的出勤時間。當時，如果我上下班忘記打卡，或者感應器出錯、未正常記錄，為了證明自己沒有遲到早退，我還得特地寫簽呈，呈報上級。那是非常繁瑣，可以殺死大量腦細胞的程序。

　　這樣的記憶烙印在我心底，因此當我在就職公司拿到門禁卡之後，便很好奇每天一早按壓感應器時，我的員工資料與抵達時間會不會一併記錄在連線電腦的數據機裡，做為準時出勤考核的依據？

　　事實上，我想太多了。後來，在和公司 IT 部門接觸後，我才發現，這張卡片的用途很簡單，只有「開門」而已。IT 同事會依照卡號及對應工號界定職位和權限，在系統內設定此員工可以進入的區域。

　　另外，辦公室實行彈性工時。合約裡頭清楚規定工作時間是一天 8 小時，午休時間 1 小時。但是實際上，何時上下班，或午休時間多久全由自己決定。如果我早上 7:30 上工，中午休息 1 小時，下午 4:30 便能離開辦公

室。當然，我也可以在某一天工作久一點，另一天便工作短一點，自由調配工時。隔月月初，我再自行填寫出勤時間表，呈報一個月的總工時。

起初，我挺不習慣這樣的制度。某天下午，我臨時有事得 4 點離開辦公室。因為潛意識裡我仍舊保有在臺灣養成的服從性格——什麼奈米小事都要報告上司，又加上擔心太早下班會引來側目，所以我特別通知德國主管 D，我會早一點兒下班。沒想到，他這樣答覆：「這個妳不用告訴我。妳自己做好工時管理就可以了。對了，如果妳有事想待在家裡，當天也沒有在辦公室走動的需要，妳可以帶著公司電腦在家工作。」

聽 D 這麼說的當下，我驚訝得說不出話來。過去在臺灣工作時，我必須遵守公司規定打卡上下班。假使上班遲到，會被扣薪。弔詭的是，雖然老闆規定員工不得遲到早退，但是過了下班時間後卻要求員工無償加班，而且有時候週末假日還得工作。當然，對許多臺灣老闆來說，員工在家上班更不是「工作」。相反地，現在我擁有調配個人工作時間與選擇工作地點的權力，竟然覺得有點兒不知所措！

我未曾在辦公室擁有這麼大的自由，不用擔心如果意外遲到得倒扣薪水，不再被上級要求加班，然後告訴我公司採取責任制所以沒有加班費。現在的上司相信我會做好自我管理，這對我來說是一種很大的肯定，也鼓舞著我更加努力。能獲得這樣的尊重和信任，真好！

　　備註：其實，少部分的瑞士公司也實行如臺灣的電子打卡制，但是在正常的彈性工時制度下，員工並沒有遲到早退的顧慮，反而更方便把加班時數轉換成補休。

一分鐘都不能少：
7點11分我和監理站有約

　　我有好幾位義大利同事，湊巧我在辦公室的鄰居 N 便來自靴子國東北部。

　　N 頭頂光溜溜的，曬成和臉孔一樣的小麥色。如果初次看見這樣一體成型的完美造型，真會讓人誤以為他天生沒有頭髮。除了光頭，N 也擁有健壯的體格。每當他穿著合身的 T 恤，緊繃的布料彷彿快要爆炸。

　　雖然他看起來很威猛，心思卻非常細膩，不時與我分享他的義大利觀點。

　　某天，我正想和 N 約定一項任務。趁地利之便，把握他的空檔時間，我挪動一下雙腳，一秒鐘便把自己連同椅子滑向他的側邊。我提出一個問題：「請問 11

月 9 日下午 3 點左右，你有空嗎？」

N 馬上翻出個人的行事曆，指著當天的行程回答：「我上午 7 點 11 分必須去監理站一趟，但是下午是空著的。」

雖然我知曉瑞士人的時間觀極為精確，約定時間不侷限於整點鐘或 5 的整數分，但是第一次知道公家機關也這麼做，引發了我極大的好奇心。我盯著 N 的行事曆看，以提高一度的音調唸道：「7 點 11 分。」

N 露出上排強健好看的牙齒回應：「我好幾次遇見約會時間出現零星分鐘的情況了。我一開始以為這是在跟我開玩笑，但是瑞士同事都說這是常態。瑞士人的時間觀真的好奇特。」

這讓我勾起大約半年前我與香港 TVB 新聞團隊見面的回憶。當時東昇和曉瑩前來瑞士採訪，雙方約定第一次見面時，我便依據谷歌地圖的行程通知他們我將在隔天早上 7 點 41 分抵達飯店。

當天上午工作結束後，大夥兒便去老城區共進午餐。在餐桌上，曉瑩突然聊起邀訪的經歷：「瑞士人的時間管理觀念好強呀。我們習慣約定整點鐘或半點鐘見面，但是好幾個受訪者竟然給了我們 10 點 32 分之類的怪時間。」

　　「一位受訪者甚至告訴我，如果我們搭哪班電車過去，28 分鐘之後便能抵達。所以，昨晚當我收到妳的簡訊，得知妳約定 7 點 41 分碰面時，我嚇了一跳，覺得好瑞士！」

　　聽了曉瑩的分享，我心頭為之一顫。曾幾何時，我不再認為約會只能敲定整點鐘、半點鐘或一刻鐘的時間，不再覺得相約在 7 點 41 分見面是一件很奇怪的事。如果時間確定是 39 或 41 分鐘，我也不會自動四捨五入，告訴對方大約是 40 分鐘。時間一去不復返，每分每秒都何其珍貴。我們沒有理由忽視那寶貴的一分鐘，就算它只有 60 秒，也得精確計算。

　　另外，曉瑩發現瑞士人重視計畫，如果要約定行程，必須提早至少好幾個月確認。例如，這次 TVB 新

聞部在出發前一個月才敲定瑞士行，不少受訪者接獲採訪邀約時便回應：「在一個月內得確定時間實在太趕了，必須以緊急事件處理。」

「而且，他們都很盡責，就算無法立即回答問題，也會告知收到電郵，但是會晚一點兒答覆。在短短一個月內，同一位聯絡人和我的往返郵件加在一起竟然高達30多封。」

TVB記者接著說：「真的很佩服瑞士人。因為工作忙碌，我很難確定與朋友約會的時間，所以通常遲至當天發現自己有空時，才會臨時打電話詢問對方是否可以碰面。」我理解她的工作性質特殊，身不由己。不過，這就像一種賓果遊戲。如果雙方湊巧有空，便能見面；但是只要一方沒空，雙方的時間就永遠對不上來，無緣相會了。

當我在臺灣生活時，便不時接獲朋友臨時的邀約。這樣的做法似乎是一種比較消極的時間觀，把見面的可能性交給命運，由上天安排。假使雙方剛好有空，就像抽中好籤，幸運見上一面。相反地，瑞士人化被動為主

動，讓自己成為時間的主人，藉由安排時間創造機會，確保雙方能夠碰面。

不過，兩種相異的觀念也反映了兩種行事的態度。瑞士人通常花費大量的時間溝通協調，致力於制訂最完善的計畫，而且一旦計畫確定了，便會盡心盡力去執行，變數相對較少，但是反面來說就是腦袋有點兒硬梆梆。相反地，華人習慣倉促地做規劃，再依據執行的狀況做調整。因此，瑞士人可以放心提早幾個月，甚至一年立定計畫，再按部就班執行，而華人多了所謂的「彈性」，處在可以隨時調整「計畫」的狀態。

雖然居住在阿爾卑斯山小國已經幾千個日子，但是每當更加深入瞭解瑞士人的時間觀，我仍舊會忍不住在內心的小宇宙驚呼 —— 他們應該是全世界最講究精確的人類了！也難怪搬遷至瑞士不久的義大利同事，以及來小國採訪的香港記者會有如此強烈的反應。

你有沒有空？
慢慢來，並非什麼事都得立即解決

　　我的辦公室聚集眾多國籍的同事，尤其以瑞士人、歐洲人和亞洲人為主。每天接觸多國人士，我發現西歐人與亞洲人步行的速度不大相同。西歐人大都會保持優雅的姿態，不疾不徐地行走。但是，不少亞洲同事表現出一副很上火、很急躁的樣子，踩著風火輪急行。這讓我不禁思考，為什麼有的人表現得像救火隊上身？有的人卻像喝下午茶的淑女，總是從容不迫？

「你有沒有空？」

　　依據個人觀察，歐洲同事的動作比較慢，也比較懂得尊重每個人的時間與工作步調。在辦公室裡，除了「你想不想喝咖啡？」我最常聽見的一句話就是「你有

沒有空？」如果他們有事請教同事，看見對方正在辦公桌埋首工作，通常會先問一句「你有空嗎？」、「一個很簡短的問題。」或「你有一秒鐘嗎？」試問對方是否方便講話。

　　在工作上，每個人都有不同輕重緩急的事務得處理，也有權做處理順序的安排。有的人可能正在準備一份重要報告，有的人可能陷入沉思，思索商務策略或解析數據。或許，就在我們前往同事座位請求幫忙的當下，對方正在處理要事。因此，在開口問事前，禮貌性地詢問對方是否有空，便能確認這是不是央請對方幫忙的好時機。

　　我發現，如果請教的對象正在與他人交談，歐洲同事大都會默默地在旁等候，待對方結束談話再提出問題，或離開一會兒再回來查看。這就如同瑞士一般公司行號的櫃檯或商店的收銀台，工作人員會優先服務早先抵達的客人，而後方的顧客便得耐心等候，待前一組客人確實離開，才能臨櫃接受服務。如果上一組客人尚未離去，而猴急地臨櫃打岔，是非常失禮、欠缺教養、不文明的野蠻行為。

瑞士同事 S 便曾經做了一件至今讓我印象深刻的事。當時，我緊盯著電腦螢幕，專心處理 Excel 表格。不過，我隱約感覺到一個人影走來，停駐在我身旁。奇妙的是，對方遲遲沒有出聲，猶如留守人間一角、偶爾才會被倒霉鬼瞥見的幽靈，默默地關注著我，讓我渾身不自在。

　　按捺不住心裡的不舒服，幾秒鐘後我把視線從電腦螢幕移至左側。猛然一看，站在我眼前的不是無名幽靈，而是一名高挑的金髮美女──瑞士同事 S。當她看見我轉過頭來，便眨著迷濛的眼睛說道：「因為剛剛看妳在忙，所以不想打斷妳的工作。對了，我有個簡短的問題想請教妳……。」原來，貼心的 S 擔心打擾我，所以默默地等待與我說話的機會。

　　相反地，有的亞洲同事有事，他們會以自己為第一優先，迫不及待地提問，希望以最快的速度獲得答案，立即解決問題。就算請教的對象盯著螢幕忙碌工作，他們通常不會先行過問：「你有沒有空？」，而是直接提出請求。甚至，如果對方正在與他人交談，他們也會無視於第三人的存在，直接打岔提問。

並非什麼事都得立即解決

剛入職時，一起小小的事件更讓我做了自我反省。當時正值午休時間，一位亞洲籍主管突然踩著急促的腳步走來，交代我一件現在回想起來一點兒也不緊急的芝麻綠豆小事。他緊張的神情與口吻，讓我立馬從椅子上彈跳起來，火速趕至休息室尋找直屬德國主管 D。

在我進入休息室的當下，D 和一位同事正在吃飯聊天。不過，很快地他們便發現我的存在，抬起頭來一臉疑惑地看著我。我急忙開口說起受委託的工作，並向 D 請教處理的方法。D 先露出驚訝的表情，接著微笑回答：「這是 ×× 負責的工作。不過，現在是午休時間，等一會兒午休結束再處理。」

德國主管的反應讓我思考了工作步調的文化差異。亞洲籍上司急欲解決問題，所以就算在午休時間也會立即交代我辦事。回想過往在臺灣工作的那些年，當時無論遇見什麼狀況，主管大都會在第一時間提出請求，並希望我在最短的時間之內，最好是在當下解決問題。

但是，仔細想想，除了絕對危急的事務，辦公室裡少有必須立即處理的常規工作。事實上，只要確保在期限之前完成任務，便可以依照個人安排的處理順序作業，沒有著急的必要。另外，我們也得尊重他人寶貴的休息時間，避免打擾。最重要的，依據個人經驗，在匆忙的狀態下做事反而很難顧全大局，容易手忙腳亂，甚至因為粗心草率而出錯。並非什麼事都得立即解決，為何我們不放慢腳步，評估每個細節，把事情一次做好做滿呢？

做得好而不是做得快

在亞洲，我們似乎普遍認為動作快代表效率高，做事總是在趕「快」。因此，當我們向同事或部屬請教問題時，一不小心便會急躁起來，給予對方無形的壓力。相反地，我發現歐洲同事的態度大都從容不迫，習慣慢慢地把事情做好做滿。然而，這在擁有亞洲腦的同事看來卻有「懶散」的嫌疑。

這也關乎禮儀。在辦公室每個人都有自己的工作節

奏，沒有人有為你停下手邊的工作、馬上回答問題的義務。因此，如果有事請教他人，得尊重對方的時間和意願，先行詢問對方是否有空。此外，如果對方正在與他人交談，也不要急忙打岔。如果事情有點兒急，但是對方恰巧沒空回應，我們也只能面壁思過，反省自己為什麼沒有早一點詢問對方了。

請善用你的電子郵件
——以電郵代替口頭通知或電話

　　雖然談論外貌太膚淺，但是我必須說 A 是辦公室裡最好看的男同事了。這位 30 初歲的瑞士人擁有剛毅又不失溫文的臉龐，眼睛深邃、鼻子略窄、嘴型寬闊，而且不需要使用任何化妝品或拔毛器，他天生便長著臺灣古裝劇男主角必備的英氣眉型。

　　當 A 不趕著上班的時候，他會把濃密的頭髮往後撥，細心塗抹髮油，梳理出美麗的弧型。這讓他看起來猶如電影版的美國隊長或芭比娃娃的男友肯尼，每次現身都光彩奪目。不過，就算他多麼有魅力，在這個當面讚美異性好看便帶有調情意味的國度裡，我永遠不會賠上人妻的名譽直接告訴他：「你好帥。」

　　A 的職位是庶務部部長。基本上，他總管辦公室硬

體設施的大小事，只要是同事需要櫃子、發現碎紙機故障，或者高階主管的辦公室急需幾個盆栽，大家都會想起他的好，請求他幫忙。他很少出手搬運重物，而是會安排手下幾個壯丁做事，還得不時與設備廠商聯繫。

因為如此，A 算是公司裡知名度最高的人物了。基本上，每位同事都認得他。每當庶務部部長做例行性的巡查工作，大家有機會便會跟他多聊幾句，縱使這在部分華人員工眼裡看來有混水摸魚的嫌疑。

尤其，A 深受女同事喜愛。好幾次我發現幾個亞洲女同事帶著特別雀躍的心情，親自去 A 的座位拜託他處理要事。不過，他通常會這麼回覆：「請寫封電郵告知你的需求。」

做為關係不錯的同事，某天中午，我和 A 一邊吃飯一邊閒聊，享受美好的午休時光。我必須坦承，每每直視他的眼睛，我便會迷失在那由濃密睫毛與深邃眼睛所構成的迷幻宇宙裡，偶爾看得出神，不小心便漏聽幾句話。然而，這次我聽得清清楚楚，在談論工作近況的當下，他是這麼說的：「當我坐在辦公桌專心處理文件

或電郵時，有的同事會走來我的座位請求幫忙。這硬生生打斷了我的工作。為什麼他們不懂得寫電子郵件，好讓我做安排？」

T 是在德國長大的華人女生，她也曾經與我分享瑞士同事和亞洲上司在溝通工具偏好上的歧異。在工作上，T 必須與站在第一線的瑞士業務人員聯繫，提供支援。她習慣以書寫電郵的方式聯絡同事，卻曾經招致亞洲主管的抱怨。

因為 T 的上司總是等不及獲得業務員方面的答案，所以就算是芝麻綠豆大的小事，他也會催促她：「妳不要寫 Email，直接打電話問他就好了呀。」T 拗不過主管的請求，便曾經打了幾通電話給瑞士同事。某天，在電話另一頭的同事再也忍不住騷擾，嚴正地告訴她：「不要再打了。如果有什麼事，請寫電郵通知我。我一定會找時間答覆。」

就個人觀察，遇見問題時，許多華人習慣把自己著急的事視為緊急要事，等不及立馬解決。縱使不是十萬分火急的要事，很多人卻缺乏寫電郵溝通與等待答覆的

耐心，認為只要面對面或打電話跟對方說一聲，便可以馬上獲得解答。

其實，面對面或電話溝通並無法保證立即解決問題，反而可能打擾對方的工作步調。很多時候，求助的對象必須在清楚瞭解狀況及查詢資料之後，才能給予完整的答案。因此，如果我們以文字詳述需求，附上相關資料，便能協助對方知曉狀況，做最好的安排。另外，我們也得尊重求助對象的時間。對方手邊一定也有許多工作，除非緊急事件他並沒有優先處理電話詢問的義務。

面對面說話和講電話的優點是可以與求助對象直接溝通，適用於緊急事件，但是對話難以留下紀錄，不小心就會變成口說無憑。現今在商業活動裡，重大決定仍舊需要以電子郵件或白紙黑字做為憑證。在瑞士生活，我甚至發現政府機關或公司行號在公布重要資訊時，偏好寄送實體信通知居民或客戶。這實在是很老派，但也突顯了瑞士人的謹慎呀。

早起自律的瑞士上班族：
早上班就早下班

　　因為我和先生就職的兩個公司只相差一個電車站的距離，所以他特地在辦公室附近承租一個停車位，方便兩人一起開車上下班。每天早上我們會在停車位道別，傍晚再回到原地見面。因此，我的工作時間大都依照他的行程安排，通常早上 7 點出門，7 點 40 分左右上工，下午 5 點便離開辦公室。（有時候我甚至早上 7 點便抵達公司了。）

　　就算出門得早，我們幾乎天天在一般道路和高速公路遭遇塞車。畢竟，蘇黎世是瑞士第一大城，光是一個邦州便占據全國五分之一的人口，開車通勤族眾多。我們 7 點出門便不時困在車陣中，也代表許多通勤族在相同的時間便離家上工。偶爾，我們會提早 6 點半出門，但是就算我們這麼早上路，路上竟然也湧現大量車潮。

在相同時段，大眾運輸工具也呈現擁擠的情況。除了班次、時間和月台等資訊，瑞士國鐵的手機 APP 也會顯示載客量。依據 APP 的訊息，平日早上從我居住的村莊通往蘇黎世中央車站的車次中，就屬 7 點 15 分那班乘客最多。偶爾我得自行搭火車上班，我便發現這班車的確最為擁擠，不少乘客得多看多走幾步才能找個地方站。

另外，幾次我一早 6 點多得離家去村莊的車站候車。原本，我以為月台會冷清地讓我想要尖叫，但是實際上那兒的人氣興旺，現場陪伴我的不是陰風陣陣，而是好多個通勤族。我和幾位當地朋友便發現，8 點過後公共交通工具的載客量才會明顯獲得紓解。我們都忍不住驚呼：「瑞士人怎麼那麼早出門工作呀！」

瑞士人——尤其是占了總人口六成的德語區人——習慣早起通勤上班，通常在 7 點半到 8 點之間抵達辦公室。我就職公司中好幾位瑞士同事更不時 7 點上工。如果在晝短夜長的季節一大早行經辦公大樓，你會發現雖然天色未亮，但是辦公室的工作燈已經開啟，不少上班族正在玻璃帷幕的另一側埋首處理公事。

在工作領域裡，如果未加留意瑞士人早起上班的習性，在與他們進行商務合作的過程中便可能產生誤解。一位常來阿爾卑斯山小國出差的亞洲朋友 M 便與我分享一則工作趣事。

某天，M 與一位瑞士客戶聯繫，討論他正在為對方準備的文件。因為事情頗為緊急，所以這位客戶告訴他：「請在我明天上班之前，寄發資料給我。」朋友極為看重此事，特別熬夜準備文件，也在比平時更早的上班時間傳送電郵給合作對象。

然而，隔天依約送件後，M 卻收到客戶這樣的答覆：「為什麼你沒有在我上班之前發送文件？」讀取通知的 M 整個一頭霧水，因此特別聯絡對方瞭解狀況。原來，雖然他的郵件於 7 點 5 分寄送，但是這位客戶早在 6 點半之前便進辦公室上班了，也難怪對方一早打開電腦時並未收到文件呀。

在和瑞士朋友 K 閒聊工作時，我曾經好奇問他：「瑞士人怎麼那麼早上班？」K 微笑回答：「我們真的很習慣早起，因為我們喜歡折磨自己。」當然，他是在

說笑的。不過，他的玩笑也點出了瑞士人特別自律的民族性。誰不想每天早上在溫暖的被窩裡待久一點，賴一下床？但是，瑞士人卻能克服人類的惰性，一大早從床上爬起來，沖澡喝杯咖啡後便出門工作。

在冬季時節，日出和日落時間分別落於上午 8 點和下午 4 點半左右，漫長的夜使人抑鬱。瑞士朋友 S 告訴我：「在晝短夜長的日子上班很痛苦，因為無論早上出門或傍晚回家，天色同樣陰暗，讓人提不起勁。」不過，就算 S 這麼抱怨，她跟她的同胞一樣在黑暗凜冽的冬季或風暴侵襲的日子裡一大早起床，然後猶如忙碌的工蟻離家上班去。

或許這和瑞士人還保有農夫的性格有關。阿爾卑斯山小國以農牧業立國，雖然現今第一級產業的勞動者僅占全國工作人口的 3% ①，但是境內仍舊保存眾多田地與農舍，本土文化處處可見農業的草根性。而且瑞士是屬於西歐工業化較晚的國家，社會變動慢，當地人的性格多多少少帶有農夫的成分，習慣早起，特別勤奮。

2016 年美國密西根大學在《科學前緣》（Science

Advances）發表針對全球 20 個國家的睡眠研究。根據研究資料，瑞士人是繼比利時和丹麥之後，最早睡早起的歐洲人。② 當地人所依循的休息時間（Ruhezeit）便符合早睡早起的生活作息。基本上，依據各地方的規定，在週日假日、平日正午和夜晚 10 點之後至隔天 7 點左右的睡眠時間，人們不得從事製造噪音的活動，例如：使用吸塵器、做垃圾回收和演奏樂器等等。這樣一來，大家便能「好好休息」了。

另外，在彈性工時的制度下，當地上班族通常只要早一點兒上班，便能早一點兒下班。這可以從車站大約下午 4 點開始便出現人潮的現象窺知一二。基本上，一般上班族的工時是每天 8 小時。如果 7 點半開始上班，把一小時的午休時間縮短成半小時，那麼到了下午 4 點便能離開辦公室。很多瑞士人便寧可辛苦一點兒早一點兒上班，再早一點下班，享受私人時光。

中國有句俗語「一日之計在於晨」，依據個人經驗，早上的精神特別好，無論在生產力、創意力或工作效率上的表現都明顯比下午還要優。另外，早一點兒開始自己一天的行程，也會感覺一天拉得特別長，擁有充

裕的時間做自己想做的事。我現在已經養成早睡早起的
習慣，很滿意這樣的生活作息。你不妨可以試試看？

---

① Employment in agriculture（% of total employment）
（modeled ILO estimate）（https://data.worldbank.org/
indicator/SL.AGR.EMPL.ZS）

② Olivia J. Walch, Amy Cochran and Daniel B. Forger, A
global quantification of "normal" sleep schedules
using smartphone data（http://advances.sciencemag.
org/content/2/5/e1501705）

提早下班不為倒頭大睡、看電視；
而是為了讓眼神發光的嗜好

自從我成為瑞士蘇黎世地區一家跨國公司的職員，每天便過著「朝七晚四」或「朝八晚五」的生活。公司採取彈性工時制，如果員工早點上班便能早點下班。而且，門禁卡只有開門的功能，並不會特別記錄職員進入或離開辦公室的時間。正式的工時憑據亦僅僅由個人填寫的「出勤時間表」來判定。

每天到了下午大約 4 點多，我的同事便陸續離開辦公室。大家不用掩面偷偷摸摸退場，也沒有「怎麼那麼早走？」的耳語。尤其，我的德國主管 D 固定一週兩天下午 4 點半便匆匆下班，無論有什麼要事，都無法阻擋他要走人的決心。他這麼做，是有原因的。

原來，D 這麼早離開辦公室，是為了趕去住家附近

的「足球俱樂部」——在德國的家鄉，他曾經是位出色的足球員。為了回饋瑞士社會，擁有一身精湛球技的他便決定擔任地方足球俱樂部的教練，教導孩子踢球。甚至，就算因此得在週末帶著球隊四處征賽，他也樂此不疲。

我也發現，每逢週末假日後回到工作崗位的第一天，熟識的同事經常問我：「妳做了什麼？」接著，他們便會分享自己怎麼度過寶貴的假日時光，不經意地提及自己的嗜好——對他們而言，從事個人熱愛的活動是生活的一部分，而且許多人還「身懷絕技」。

例如：我的美國同事 F 喜歡穿簡單的格子襯衫，看起來就像個平凡的中年發福大叔；但是私底下的他，卻擁有一個我怎麼想破腦都想不到的超潮嗜好——電子音樂的編曲、混音。

我和 F 通常是最早抵達辦公室的員工，所以時常有機會閒聊。某天，我從 F 口中得知原來他喜歡玩音樂。除了正職，他更是一位業餘音樂製作人——以 4 個不同的藝名，在網路上發布各種類型的電子樂。

我曾經上網聆聽 F 的作品。雖然我不是專業樂評，但是真心喜歡他曲子的旋律及節奏，更佩服他累積幾十年的編曲和混音功力。F 也與我分享個人工作室的照片——那是一個藏身在自家當中，設備專業又齊全的 Studio。

　　F 告訴我，每每待在自己的小天地創作，他好快樂，而且他是全心全意投入樂曲的。記得某個週一的早上，我提醒他尚未讀取我寄發的一則手機訊息。當下 F 急忙地掏起手機查看，才驚覺原來整個週末他一共未讀 45 則訊息——因為在 Studio 裡頭他只專注於自己的音樂世界，幾乎與世隔絕。

　　我的義大利同事 N 五官深邃，貌似米開朗基羅創造的大衛雕像，只不過頭髮少了點。他的身材結實、肌肉發達，合身的 T 恤總是呈現「逼近爆炸臨界點」的樣子。他常告訴我，週末假日又去了哪個湖、玩了哪個水上運動。尤其，自從 5 年前他開始接觸「立槳衝浪」（Stand-Up Paddle, SUP），便深深愛上這項運動，更在家鄉的海邊考取了證照。

雖然 N 現在有份正職，但工作之餘，他也在蘇黎世某個湖泊擔任兼職的 SUP 教練。他不只一次告訴我：「在人生中擁有嗜好很重要。多方面嘗試便能找到自己的愛好。」

　　其實，我的先生也是如此。他很早便考取了湖泊及海洋的帆船駕駛執照。週末他時常去蘇黎世湖玩風帆，也不定期參加國內外比賽。最近，同樣是航海迷的朋友開設了一家船學校，他便義不容辭地幫忙。下班後，有時候我累得只想躺在床上，連翻個身都嫌耗體力，相反地，他卻還有精力設計船學校的網頁和製作教材。

　　雖然在以上的例子中，主角們的興趣大不相同，但是在和他們談論相關話題的過程中，我發現他們的瞳孔閃爍著光芒，而且會不自覺地滔滔不絕起來。我深刻感受到他們對於個人嗜好所投注的熱情，那是帶給他們生命快樂與力量的泉源。

　　這也不禁讓我回想起過往時光：我在臺灣時所受的教育，似乎並未特別重視「嗜好」的培養。「嗜好」兩字常常被視為「不認真」，或幾乎只停留在字面上既蒼

白又扁平的意思。

學生時代，為了獲取好成績，我們花費大量的時間讀書考試，而師長也會挪用「不重要」的美術、工藝和家政課，發考卷讓學生做「考前衝刺」；畢業後進入職場，在長工時的環境下，身心也疲憊得沒有精力認真思考生活的意義。

在這樣的大環境下，我們很容易缺乏接觸新事物的機會和探索自我的動力，有些人甚至一直努力工作到退休，才發現根本不知道自己的興趣在哪裡。

前陣子觀看德國電視節目（在瑞士可以收看鄰國的電視頻道），我對一位受訪女性民眾所說的話印象深刻。雖然我早忘了主持人的提問，卻記住了她的回應：「我很滿意我的生活，很快樂。因為我有自己的嗜好，而且花費許多時間從事嗜好活動。」

她的一番話提醒我，嗜好能帶來無比的快樂，也可以是生活重要的一部分。看見我的同事和先生都擁有一份興趣，抱持積極的心態提升自我，更讓我深刻體會：

「嗜好」不只是一個人「打發時間」時喜歡做的事——它當然也可以是投注畢生熱情，讓自己的能力與技巧不斷提升的項目。

　　早一點兒下班，不只是意味可以早一點兒回家看電視、上網，或什麼事也不做。培養嗜好不只可以增進生活的樂趣，在能力精進的過程中更能讓人獲取自信、刺激創意，也可以藉此結交志趣相投的朋友，讓生活更加多采多姿。

休假時別打擾我：
休假是員工的權益

在公司上班一陣子之後，我便發現整個部門要全員到齊是一件難事，因為同事們總會輪流消失個幾天，不然我在 Outlook 也時常收到「我正在放年假」的自動回覆。無論哪一天幾乎都會有人請假，有的同事甚至連放三個禮拜的長假。

不過，基於文化差異，亞洲人與歐洲人對於休假的定義與期待不大相同。在我隸屬的部門，工作夥伴的國籍有中國、瑞士、德國、法國、荷蘭、希臘、烏克蘭及義大利等，辦公室本身就是亞洲與歐洲文化交鋒的最前線，不同的觀點總是激盪出值得玩味的火花。

尤其，每當大家坐下來開會，針對敏感議題提出個人看法時，緊繃的氣氛總是讓空氣急速凝結，驟然迸裂

出文化差異的鴻溝。雖然會議以全英語進行，發言者說著人人都聽得懂的語言，卻有種「你不懂我的心」的惆悵。

我永遠記得第一次參加公司會議時所接受的震撼教育。當時，希臘同事 M 報告手邊幾個專案的進度，也提及即將休假的計畫。不過，結尾時亞洲籍主管突然向他提出一個請求：「因為沒有人能代理你的工作，所以希望你可以帶電腦休假，方便公司聯繫。」

聽了這番話，M 的面孔忽然收起南歐式的陽光燦爛，神情嚴肅起來。他緊繃著如梅克爾剛毅的臉部線條回應：「當我休假的時候，請讓我好好地放鬆休息。我不想在和家人享受美好時光的時候，還得帶公司電腦工作。」

聽見 M 答覆的當下，我著實嚇了一跳。在臺灣，員工習慣把上頭的命令奉為聖旨，不敢違背。雖然在當前社會違抗聖旨不會再讓你失去腦袋，卻可能把你送上黑名單，影響考績。相反地，歐洲人有話直說，主管與員工的關係也較為平等，所以如果部屬對主管的發言有

所意見，通常會直接提出自己的看法。甚至，在荷蘭基層員工可以越級發送電郵給執行長呢。雖然以上都是耳熟能詳的文化差異，但是親自領會，仍舊讓我震驚不已。

就算 M 拒絕了他的請求，主管仍然委婉地重申他的立場：「你還是需要待命的。如果公司發生相關緊急事件，你得著手處理。」

M 回答：「但是公司怎麼定義緊急事件呢？」

一位旅居歐洲多年的華人同事突然發表意見，挺身支持主管：「我之前在英國工作 3 年，放假時也會查看工作信件。公司付錢雇用你，就是要你隨時待命，給予最大的支持。」

荷蘭同事 D 馬上反擊：「公司支付的是我們的專業和能力，並不是我們的時間。如果我們在休假期間做到充分的休息，當我們回到工作崗位時，工作自然會更有效率。」

接著，法國同事 P 說道：「這跟錢一點兒關係也沒有。我以前的薪水沒有現在好，但是就算現在賺取比較高的薪資，工作量卻沒有比過去多，沒有比較忙碌。」

　　一位德國籍同事 F 聽了補述：「公司得為休假的員工做好應變準備。規劃代理制度是公司的責任。」

　　歐洲籍同事們紛紛挺身為 M 說話，在會議室裡積極發表自己的意見。而我就坐在一角，幾乎要吃起洋芋片翹二郎腿觀賞眼前的中西文化交鋒大戲。

　　當我在臺灣工作時，參加過許多公司內部會議。依據個人經驗，主管通常會滔滔不絕地說話，而員工較少主動應答，只有被主管點名時，才會有所回應。甚至，就算上司提出不合理的要求，部屬也通常不太敢吭聲，默默地把淚和苦的混合物往肚子裡頭吞，硬著頭皮接受。

　　相較之下，在我就職公司的會議裡，同事很踴躍發言，直接表明個人觀點。如果與其他人抱持相異的看法，他們會以對事不對人的方式表達意見。雖然開會

時針鋒相對，但是會議結束之後，大夥兒又再次有說有笑地處在一塊兒，彷彿剛剛大家只是在做集體白日夢一樣。

這起事件讓我對歐洲人捍衛自己休假的權益，印象深刻。而且，慶幸在討論之下，大家找到了一個解決辦法。最後的決議是，M 在休假前必須向合作的同仁與廠商發送通知，提醒大家必須把握他尚在辦公室的時間處理急事。這樣的結果算是皆大歡喜吧。

生病不要去上班：
請病假無須醫師證明 不扣薪不扣假

在流行性感冒盛行的秋冬季節，我的同事時常輪流缺席，因為要不是有人發燒，不然就是有人胃腸不適在家休息。某天，我更在公司一角看見一個立牌，上頭的標題叫做「生病不要去上班，請待在家裡」。因為這個標題下得幾乎跟內容農場一樣聳動，所以我按捺不住好奇心往下閱讀。

內文基本上呼籲大家應當停止散播病菌。假使雇員身體不適，便沒有生產力，工作品質也會大打折扣，而且可能把細菌或病毒傳染給同事，造成他人的困擾。文末更特別強調：「生病了，便果斷地打個電話跟主管請假吧。」

那些臺灣有，但瑞士沒有的全勤獎

對我來說，「生病被鼓勵不上班」推翻了我過往在臺灣所熟悉的觀念。在臺灣社會，我們一向重視出勤狀況，除非嚴重病症或事故，學生與員工大都被賦予天天出席的期望。換句話說，乖寶寶就算生病了也會上班上課的。

國小時代，我的導師總會在每個學期末分發各種名目的獎狀。記得小六那年，除了成績優良的獎項，我還意外收下一張叫做「全勤獎」的彩色印刷紙板。

在讀懂字義的當下，我小小的心靈受到極大的震撼，在心裡頭驚呼：「這是什麼鬼呀！」我想這就是所謂的社會化的撞牆期吧。自從那天起，我便在心裡頭記住這件事——師長期望學生能克服種種困難不曠課。假使學生抱病上課，展現強烈學習欲、戰勝身體不適的精神，便值得頒贈獎狀嘉許。而且，大家都應該來上課，好像不可以少掉任何一個人。

10多年後，我正式進入臺灣職場，第一家就職公

司更撥出預算設置「全勤獎金」，激勵員工達到零缺席的目標。如果你天天去公司報到，每個月便可以獲贈500元的獎金。相反地，假使你告假，無論病假或特休，500塊便飛了。這是我在瑞士未曾見過的。

瑞士請幾天病假，無須醫生證明、不扣薪

在瑞士，如果員工生病，甚至只是著涼感冒，會被鼓勵在家養病。其實，當地工作者也抱持這樣的觀念，要是生病了，他們會向主管請假，待在家裡休息。而且，依據個別合約，在限定天數（通常3天）裡請病假無須醫師證明，不會被扣薪，更不會被扣有薪假。而且，如有醫生證明，長期的病假也可能會支薪呢。

然而，在臺灣，假如員工身體微恙，老闆大都希望雇員能照常至公司處理公事。如果員工感覺不適，有的主管會希望部屬大方把辦公桌當成自家的睡床說道：「不舒服的話，趴在桌子上吧。」卻不會要求員工直接回家休息。另一方面，很多企業主更設下門檻，雇員必須出示醫生證明才獲准請半薪病假。

尤其，在不少公司，員工生病缺席，得被扣除當日一半的薪資或寶貴的特休假，甚至喪失取得全勤獎金的資格。因此，除非下不了床或患有嚴重病症，許多工作者寧可拖著病體上班，也不願失去全勤獎金、全薪或特休假。

把病菌傳染同事很不 OK

在瑞士，人們普遍認為請假休息可以幫助自己早日康復，以最佳狀態回到工作崗位。畢竟，生病時，身體虛弱，精神無法集中，容易造成生產力低落，並不適合工作。另外，如果感染流行性感冒，待在家裡便可以做自我隔離，避免把病毒傳染給同事。否則，讓他人感染自己的疾病是非常失禮的事。

感冒還去公司到底有多麼不 OK？我的美國同事 F 曾經因為感冒好幾天未進辦公室，直到某個下午他突然意外現身。當我看見 F，便習慣性地走向前，打算跟他聊幾句。沒想到，他腳下像裝了彈簧似的馬上彈開，又倒退幾步說：「我得了流感，照理說應該不能來辦公室

的。不過，我今天在公司有一件要事，不得不回來處理。我現在就要離開了。再見。」接著，他便一臉抱歉，提著背包匆匆地離開公司，留下一臉錯愕的我。

善待自己，身體健康最重要

就算機器，也會自然耗損，必須停工更換零件，更何況我們的身體？在這方面，瑞士雇主相當體恤員工，把偶爾身體不適視為正常的事情，因此允許員工請幾天的有薪病假。另外，人們也意識到在不健康的狀態，無論創意力或生產力都會大打折扣，沒有工作的必要。

如果生病了，在家休息或看病，才能讓自己儘早恢復健康。這個做法也可以避免傳播病菌或病毒。最重要的，因為健康是我們擁有的一切的基礎，所以認真看待身體發出的訊號，照顧自己，是一種必要。假使一時疏忽，讓小感冒惡化成重症，那可得不償失呀。

特別篇：
沒有什麼事是不能喝一杯咖啡解決的

　　因為瑞士先生總是很早上班，所以搭便車的我一不小心就變成最早抵達辦公室的員工之一。我發現，當同事陸陸續續來到工作崗位後，感情好的遇見彼此時很常說：「去喝杯咖啡吧。」接著，在放下背包後，他們便會肩並肩踏著悠閒的步伐離開辦公室，消失個 10 分鐘享用熱飲。尤其，工程部的 5 位瑞士同事每天一早總會挾帶男孩團的氣勢，一起去休息室喝咖啡。其實，這只是一個開場。因為在接下來的工作天裡，我時不時便會再次聽見「去喝杯咖啡吧」。

瑞士人咖啡消耗量大，喝咖啡更是一種傳統

　　瑞士人是咖啡控，幾乎家家戶戶裝設膠囊或研

磨咖啡機，更以人均消耗量一年 7.9 公斤位居全球第7 位。① 對他們而言，這種在臺灣專屬雅痞或文青的飲料，是重要的民生物資。1925 年瑞士零售業龍頭美高斯（Migros）成立時，創辦人戈特利布 · 杜特韋勒（Gottlieb Duttweiler）以福特卡車載貨銷售 6 種「基本物資」，而咖啡，便與米、糖、義大利麵、椰子油和肥皂名列其中。

《海蒂》作者約翰娜 · 施皮里在《紅色字母的故事》（Red-letter Stories）一書中描寫 19 世紀末瑞士人的生活。故事裡，史丹澤利（Stanzeli）和塞普利（Seppli）兄妹與祖父母過著困苦的日子。雖然還沒窮到吃土，但是他們也只剩下粥、馬鈴薯和一點咖啡。某天，奶奶生病，想喝點兒熱咖啡暖身。當小兄妹和爺爺準備熱飲時，發現磨豆機壞了，卻硬著頭皮把漂浮咖啡豆的飲料端至祖母床邊。老人家看見不成樣的咖啡時，肝火不禁上來，大聲抱怨起來……。這個情節反映了百年來，褐色飲品很像臺灣的手搖杯，是瑞士人生活的重要部分呀。

咖啡是上班族的聖品，咖啡機是辦公室必備品

　　如果以人類學家的視角來看，瑞士人一早喝咖啡是一種現代的神祕儀式。許多人習慣早上沖澡後喝一杯提神醒腦，讓自己處於精神振奮的狀態，也象徵一天的開始。廣大的上班族更是咖啡的愛好者，尤其通勤族習慣在前往工作場所的途中，於車站稍作停留購買一杯褐色飲料。因此，越來越多的商家在各大車站設置外帶咖啡（Take Away）的銷售據點，方便通勤族進行儀式。

　　自從開始這份全職工作之後，我更深刻體會這種熱飲在歐洲人心目中神聖的地位。我們的辦公室共有 4 間休息室，而且每間都附設一臺咖啡自動販賣機。除了投擲硬幣，員工也可以持信用卡或加值的專用電子感應卡在咖啡販賣機消費。基本上，咖啡機可以說是瑞士各個辦公場所的必備品。這樣的便利全是為了配合上班族的習慣。

喝咖啡聊天好辦事

　　當地辦公室員工擁有調配工作及休息時間的自由，有的人便習慣在上午和下午分別休息 10 到 15 分鐘。這時候，大家通常很樂意喝一杯咖啡解壓。其實，在高度自由的工作環境裡，員工可以不定時稍稍離開辦公桌，找個同事一起喝飲料聊天，而休息室便是熱門的碰面地點。最重要的，假使有的同事一天離座好幾次，很少會有管事哥或管事姐在背後竊竊私語，因為這是辦公室的常態，每個人有權拿捏自己的工作與休息時間。

　　我在辦公室的鄰居有瑞士人，也有來自其他歐洲國家的人士。當其他部門的歐洲同事在辦公室走動，路過他們的座位時，不時會提問：「你要不要喝咖啡？」不然，當他們停下腳步與要好的同事交際閒聊或討論公事時，也會突然拋出一句：「來喝杯咖啡吧。」接著，雙方便會結伴去休息室，在販賣機購買一杯咖啡，坐下來繼續談論剛才的話題。

　　在這樣的情境下，咖啡猶如一種充滿神祕力量的「魔法飲料」。在工作上如果遇著任何問題，似乎只要

喝上一杯褐色飲料，腦力便能瞬間提升，找出解決辦法。其實，換一個角度想，當大家坐在一起喝杯咖啡，以輕鬆的態度談論公事，靈感便可能源源不絕地湧出，提出建設性的想法。

回想我過去在臺灣上班的日子，工作氣氛較為緊繃。排除休息時間，大家通常不敢與同事閒聊太久，也不會花太多時間離座喝飲料。除非上廁所，每個人幾乎會整天「乖乖地」緊盯著電腦螢幕做事。對許多老闆來說，時時刻刻埋首工作的員工是「好員工」，展現了強大的生產力。另外，有的主管會監督員工是否離開位置太久，有的同事還會當起糾察隊碎念別人打混摸魚。

然而，依據個人經驗，持續不斷的工作並不是效率的保證，反而容易造成身心疲勞。在精神散漫的狀況下，工作者無法發揮百分百的創造力和生產力，還可能粗心犯錯。如果能離開座位，暫時轉換環境與精神狀況，跟同事喝一杯咖啡，交換一下意見，通常能幫助自己重新整理思緒，也能多多少少減緩疲憊。因此，我越來越能理解為什麼歐洲籍同事有機會便會聚在一起喝褐色飲料，藉此解除緊繃的心理狀態。

順帶一提，瑞士聯邦工作法明定休息時間的規則，如果工作超過 5.5 小時、7 小時和 9 小時，得分別休息 15 分鐘、半小時與 1 小時。② 而且，包含午休和咖啡時間的休息時間都是不支薪的。不過，很多瑞士雇主不太計較員工在未工作 5.5 小時以上的情況下喝咖啡休息。

沒有午睡習慣，特別需要咖啡提神

除此之外，我發現喝咖啡還可以提神。在臺灣，如許多亞洲國家盛行午睡文化。在吃過午飯後上班族會小憩一會兒，趴在辦公桌上休息，講究的人還會自備睡枕或躺椅睡覺，藉此補充體力、恢復精神。

不過，瑞士沒有午睡文化。在午休時間，上班族通常會慢條斯理地享用餐點，飯後繼續坐著或去外頭散步與同事聊天。因為沒有午睡便直接上工，在血液集中於消化系統的情況下，工作者多多少少會感覺勞累，所以特別需要喝咖啡因飲料消除疲勞。

就個人經驗而言，每天我花費整個午休時間與同事

吃飯聊天，到了下午便疲困得難以集中精神，必須喝咖啡醒腦。過去，我一天只能飲用一杯咖啡，但是自從開始這份工作之後，我酗咖啡的功力便提升至一天三杯，而且到了晚上居然還能睡得很安穩呢。

沒有什麼事是不能喝一杯咖啡解決的。喝咖啡可以提神，幫助自己重整思緒，消除疲勞。尤其，瑞士上班族的咖啡消耗量特別大，也難怪很多公司只提供免費的茶水，咖啡卻得由員工自費購買。這也是挺有道理的。因為依照同事酗咖啡的功力，如果一般公司提供免費咖啡，絕對會被喝垮的。

---

① INTERNATIONAL COFFEE DAY Most cups of coffee contain a drop of Switzerland（https://www.swissinfo.ch/eng/business/international-coffee-day_most-cups-of-coffee-contain-a-drop-of-switzerland/43558132）

② Loi fédérale sur le travail dans l'industrie, l'artisanat et le commerce（https://www.admin.ch/opc/fr/classified-compilation/19640049/index.html#a15）

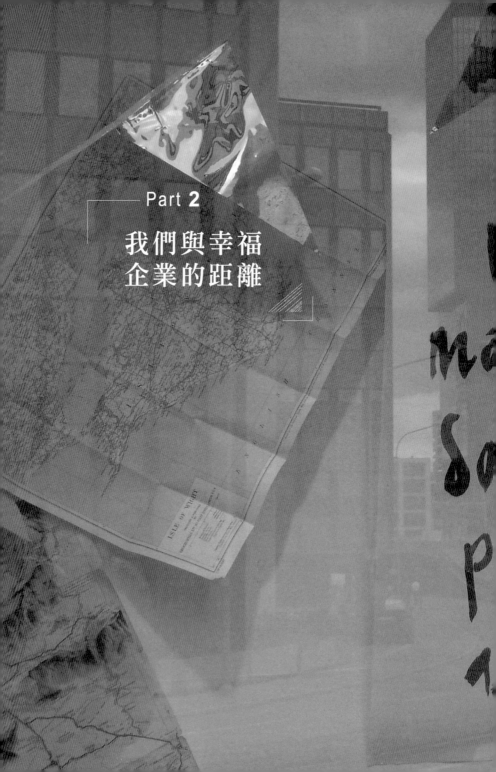

Part 2

我們與幸福
企業的距離

瑞士商店的休假公告

崇尚勞動的價值：
工作、工作、工作！

　　某年秋天，我一個人回臺灣度假。去程，我帶著一只 29 吋大的託運行李箱旅行。回程，除了肚子填滿了回臺必吃名單上的美食，例如：肉圓、鹽酥雞、臭豆腐、蚵仔煎和土魠魚羹等，我的行李箱也無法再塞下更多的東西。因此，我媽臨時送我一只登機箱，好讓我把家鄉的補給品與濕熱空氣帶回乾冷的瑞士。

　　我原本擔心自己無法帶著一大一小的行李箱到處走動，慶幸從蘇黎世機場到村莊火車站的路程一切順遂。因為本地火車及電車底盤大都與月臺同高，車站也設置電梯和緩坡通道，所以我完全沒有費力拉提行李的需要。這讓我不禁讚嘆，瑞士的基本建設是如此的人性化，在規劃時縝密考量人們的需求，設計完善。

最後一段路程是村莊火車站和我家之間幾百公尺的人行道。當我拖著沉重的行李箱，輪子便摩擦粗糙的水泥地咯咯作響。這讓我覺得很難為情。

幸運的是，當時並非夜間睡眠或中午的休息時間，否則我所製造的噪音可能會造成「賓茲里」（Bünzli）不悅。①最糟糕的情形就是被檢舉，收到罰單了。

在寧靜的村莊裡，一個亞洲人拖著兩只發出聲響的行李箱，特別引人注目。我想，只要是見著我的路人，心裡都會明白我剛剛完成一趟長途旅行吧。

行經聚集商店和餐廳的村莊廣場時，我瞥見一位估計 50 來歲的白髮警員。毫不意外的，行李摩擦地面所製造的巨響吸引了他的注意。

他朝著我的方向看過來，接著面帶微笑走到我的面前。雖然明知自己沒有犯法，對方看起來也很友善，但是看見警察接近，下意識我還是緊張起來。

警員開口問我：「妳去度假喔？」

很明顯的，拖著行李箱，因為長途飛行面容憔悴，頭皮出油而毛髮糾結的我，的確才剛結束一段回鄉的假期。我回答：「是的。」

　　接著，他做出完全出乎我預料的動作。他一手握緊拳頭，興奮地對我說：「回來要工作、工作、工作囉！」他的動作與表情之誇張，猶如難得搶到鏡頭用力表演的日本諧星。說真的，如果他當時說出「甘巴嗲」（がんばって），我一點兒也不會覺得意外。

　　雖然警察這麼用力幫我打氣，但是當下我羞愧得快要切腹自殺了。其實，那時候我在報稅單上的職稱叫做「家庭主婦」。我並沒有正式工作，而是無所事事、沒有生產力的社會米蟲。基本上，對我來說，每天的日子都像在度假。

　　為了化解尷尬，我只好乾笑幾聲，向對方道謝，接著便匆匆忙忙拖著行李箱離開現場。

　　仔細想想，做為農家子民，又接收新教思想，瑞士人崇尚勞動的價值，認為工作是天經地義的事。在歐

洲，瑞士便屬於有薪假最短，工作時數最長的國家。甚至，他們曾經公投反對延長有薪假和縮短工作時數。

我一直惦記著和警察相遇的故事。雖然，我很早便體會瑞士人極為重視工作的價值。但是一位警察竟然會假定一位結束長途旅行、素未謀面的亞洲人即將回來工作，而為她加油打氣，還真讓我開了眼界。這件事也促使我下定在瑞士找工作的決心。

---

① 在瑞士德語區，「賓茲里」一字用來形容一個人保持多年的習慣，堅守原則，就算宇宙不斷在變動，卻能安守自己的小天地。不然，「賓茲里」也可能是那些躲在窗簾背後，默默觀察環境變化的人肉監視器。一旦發現他人犯錯，他們便秉持糾察隊員的榮譽心，親自上場糾正或向相關單位檢舉。另外，對於任何小事的吹毛求疵，也可以歸類為「賓茲里」。

瑞士同事竟然說
華人沒有家庭觀念？！

「我發現，華人同事沒有什麼家庭觀念。」某天，當我和瑞士同事Ｒ閒聊時，她突然分享這樣主觀的看法。聽她這麼說的當下，我實在太震驚了，思路的齒輪因此停滯了幾秒、無法前進。

當我回過神來時，我已經陷入瘋狂的思考狀態，腦筋不停地轉呀轉。在臺灣，從小到大我們不是都被灌輸「天下之本在家」的觀念？傳統上，華人重視家庭，家族成員更維持緊密的關係。甚至，有的長輩會對西方的家庭文化嗤之以鼻，不屑地說：「西方人沒有家庭觀念，親子關係淡薄。如果子女長大了，父母就把他們趕出門。假使爸媽年紀大了，年輕人便送他們去養老院，讓他們孤獨終老。」

「其實，華人很像歐洲的義大利人，重視家庭關係，而且家族成員習慣照顧彼此，凝聚力很強。」我似乎在為我熟悉的文化圈做辯解，但是這的確是事實，不是嗎？

　　「妳為什麼會認為華人沒有家庭觀念？」我相信，R 一定是見著了什麼，不然她不可能平白無故冒出這樣奇特的想法。

　　「我對中華文化沒有什麼概念。不過，我發現華人同事太投入工作，工作時間特別長。很可惜，這樣一來，他們便沒有時間陪伴家人。」R 和我分享了她的觀察。

　　「妳是說，華人不注重工作與生活之間的平衡嗎？」我幫她做了重點整理。

　　「可以這麼說。舉同事 Z 為例，他擁有一個幸福美滿的家庭，一雙子女都很可愛。因為上個月某天正巧是他的生日，所以我問他會不會早一點兒下班跟家人慶祝？沒想到，Z 竟然回答他有要事在身，不能早走。這樣的日子一年可是只有一次。我無法理解，為什麼他不

能放下工作，把握機會陪伴家人？」R 的語氣帶著深深的惆悵。

「當然，工作可以帶來成就感，擁有支持生活開銷的收入也很重要。但是，人生只有一次，事業並不是人生的全部。我寧可把更多寶貴的時間獻給家人。試想，一個臨終的人在回顧一生時，腦海閃過的畫面只有工作，這不是很可悲嗎？」R 下了最後的註解。

我完全理解 R 的看法。對她來說，擁有家庭觀念的定義就是多花時間陪伴家人。這也是許多瑞士工作者所身體力行的。我發現，每天最早抵達公司的同事大都是瑞士人。在彈性工時的制度下，只要早上班便能早下班，因此他們可以早一點回家，享受一整晚的家庭生活。當地的公司活動，例如：團建活動與聖誕晚餐，也大都在平日時間舉行。這是因為在瑞士人的觀念裡，週末時間是留給家人的，不適合進行跟工作相關的活動。

相反地，公司的華人員工習慣晚上班和晚下班，又時不時加班。也難怪，他們會在 R 心中留下與家人疏離的印象。

「其實，當我說華人擁有家庭觀念，意指家人維持緊密的關係。許多父母願意在經濟上全力支持子女，同時希望孩子能依照著自己的意思過生活。另外，他們還有養兒防老的觀念，期望退休後，子女能照顧自己。」我決定對華人的家庭文化多做解釋。

　　「在瑞士，無論父母和子女都獨立過自己想要的生活。我覺得大家保有個人的隱私和空間應該比較好。而且，假使父母的控制欲太強，親子之間的關係也很危險吧。」R 回答。

　　和 R 的對話一直縈繞在我心底。其實，無論在哪個文化圈，人們都珍愛自己的家人，享受在一起的每分每秒。不過，在西方社會，家庭成員之間的關係比較沒有牽絆，愛的定義是尊重彼此的生活；在華人社會，家庭成員習慣互相依賴，愛的體現是照顧彼此的生活。

　　然而，西方人重視工作與生活之間的平衡。他們願意花更多寶貴的時間陪伴家人，一起增加共同回憶的溫度與厚度。因此，我可以理解為什麼 R 認為在某個定義上，華人的家庭觀念淡薄了。

午餐怎麼吃？
佛心滿滿的員工食堂

　　我很想念臺灣唾手可得、價格實惠的小吃。猶記得，在臺北工作的那段日子，我時常和同事去對街騎樓的小販買一份只要 50 塊錢的爌肉飯便當。每每咬著入口即化的肥肉雜糅香鹹的豬油，米飯咕嚕一口便滑進嘴裡，那滋味實在美味無比。不然，有的好心同事也會幫忙跑腿，從公司附近的麵攤帶著熱騰騰的陽春麵回來。回頭想想，我到現在還不知道那家麵攤究竟在哪裡？

　　不過，在瑞士，外食是一件奢侈的事。這裡的人工貴、成本高。在蘇黎世街頭，烤香腸佐麵包算是銅板價小吃，一份就要 7 瑞郎（約臺幣 220 元），花一樣的錢在臺灣可以嗑平價牛排餐了。假使去正規餐廳吃飯，享用一盤 20 瑞郎的義大利麵，喝一杯 4 瑞郎的飲料，外加體諒服務生辛苦自發性贈予的小費，林林總總加在一

起更要 25 瑞郎（780 元），這在臺灣可以去星級飯店享用下午茶吃到飽了。在阿爾卑斯山小國吃飯像灑錢，也難怪許多當地人習慣在家下廚，較少在外購買熟食或上館子。

那麼瑞士上班族如何解決午餐呢？省錢一族通常會把前一晚的剩飯帶來公司，中午再微波加熱食用。我有一位印度裔工程師同事常用中文「早安」打招呼，說得比中國南方人還要字正腔圓。他習慣週末在家煮大鍋菜，一口氣備齊 5 天份的飯菜，週一再全部搬來公司冷藏，分批微波慢慢吃。

我的義大利同事自帶便當的理由很奇特。他認為瑞士人濫用乳製品，無論餐廳供應的義大利麵，或者便利商店販售的沙拉和三明治都淋上大量含奶的醬汁，濕答答的，吃了造成胃腸不適。因此，他堅持在家親手料理清爽的「義大利菜」，再打包做為隔天的午餐。

另外，每逢午休時間，有些同事也會光顧公司附近的便利商店，買點兒三明治、壽司或沙拉之類的輕食解飢。西班牙同事 J 告訴我，為了避免血液集中消化系統

造成的腦袋昏沉，他嚴格控制午餐的份量，只吃三明治果腹。除了便利商店，公司轉角處還會輪流停駐不同的餐車，同事可以去那兒買披薩、烤雞、馬鈴薯煎餅或越南小吃。

很有意思的是，這兒沒有類似臺灣的代買文化。你想吃什麼，大都得自行外出購買。目前，我未曾聽聞辦公室同事在 12 點前點菜湊錢，請人跑腿去便利商店或小吃攤幫買午餐的事。而且，依據公司規定，員工不允許在辦公室吃飯。因此，這兒看不見同事在辦公桌冒汗大口吞湯麵或泡麵的情形。

如果你不想吃便利商店的微波食品、三明治或份量小到只能塞牙縫的高價壽司，也不願意去正規餐廳吃飯，你還有一個選擇——去員工食堂用餐。在瑞士，不少公司與學校會特別開設餐廳。那兒，沒有服務生臨桌為你點餐、送餐與結帳，而是必須自行至餐臺領菜，去櫃檯結算，最後把餐具歸位。通常，專門服務學生的食堂叫 Mensa；上班族專用的稱做 Kantine，在瑞士還別稱Personalrestaurant。

阿爾卑斯山小國第一家食堂由布荷樂公司（Bühler AG）於 1918 年開設，地點位在聖加侖州的烏齊維爾（Uzwil）。經過百年的發展，目前瑞士本地最重要的食堂供應商分別為 Eldora、SV 和 ZFV 集團。他們為廣大的上班族與學生族群提供價格實惠、新鮮營養又方便取得的熱食。

　　我就職的辦公大樓附設了三座食堂及一家咖啡廳。每個禮拜，店家會定期公布菜單，並標註兩種價錢。其實，食堂通常也開放一般民眾使用，但是沒有身分感應卡的非單位人員得支付較高的價格。蘇黎世聯邦理工學院的學生食堂還針對學生、職員與一般民眾三種對象收取三種餐費，價差可以大於 5 瑞郎。

　　在蘇黎世地區的員工食堂，一份價格最實惠的菜單餐位於 10 到 13 瑞郎（大約新臺幣 300 元）之間，菜色通常是義大利麵、義大利餃子、炸豬排、煎雞胸肉、漢堡、泰式或印度式咖哩飯。這樣的餐點會由工作人員打菜，份量較為固定。不過，有的食堂會提供菜色豐富的自助餐，顧客可以斟酌份量自行舀菜，最後在收銀臺秤重結帳。而且，現場還會供應免費的飲用水。相較於一

般餐廳，食堂菜的價格可以說是相當優惠。

　　我曾經聽聞有的本地公司會提供員工午餐餐券，有的公司甚至為員工設立免錢的食堂。這例子就如同免費供應咖啡的企業一樣少之又少。不過，無論提供補助，或者只要 10 瑞郎或免費的食堂菜都是公司替員工著想而提供的福利。另外，或許你很好奇，什麼食堂菜在瑞士最受歡迎？答案是炸豬排佐薯條（Schnitzel mit Pommes Frites）、藍帶豬排佐薯條（Cordon bleu mit Pommes Frites）、漢堡和絞肉通心麵（Ghacktes mit Hörnli），剛好都是肥滋滋的高熱量食物呀。①

---

① Essen beim Arbeitgeber-Menü A oder B? – 100 Jahre Schweizer Kantine（https://www.srf.ch/news/schweiz/essen-beim-arbeitgeber-menue-a-oder-b-100-jahre-schweizer-kantine）

公司活動只在平日舉辦，
聖誕晚會請史汀開金口演唱

　　雖然辦公室裡同事們相處融洽，中午也會不時一起用餐，但是很少人在工作以外的時間相約碰面。大致上，大家維持公私分明的關係。上班時，大夥兒一起工作；下班後，大家便喊一聲「解散」各自回家，有的人回歸奶爸的身分，有的人轉換成全能媽咪模式，有的人則從事嗜好活動，享受休閒生活。

培養團隊默契的團建活動

　　不過，大家平時只在上班時間碰面，怎麼培養默契，聯絡感情？基本上，一般公司會邀請全體員工聚餐，有的公司或部門也會特別撥預算舉辦「團建活動」（Team Building）。這些都不是死命必去的活動，不去

並不會「黑掉」、被貼上不合群的標籤。

　　而且，這裡的公司活動通常在平日舉行。最主要的原因是，當地人把週末假日視為重要的家庭時光。他們只想把寶貴的私人時間留給家人，不願意在週末參加公司聚會。我的瑞士同事 C 籌辦活動的經驗很豐富，她便曾經告訴我，在與中國籍前同事接觸的過程中，她發現華人缺乏工作與生活分離的觀念，偏好在週末辦活動呢。

　　團建活動的內容五花八門，它可以是簡單的飯局，例如：冬天去山中小屋，分享暖呼呼的起司鍋，或者在夏日找一塊綠地烤肉。然而，一連坐個幾小時吃飯開聊似乎沒什麼意思，無法讓腎上腺素上升，因此有的部門會規劃動態節目，不然也會委託坊間的專門公司籌辦活動。

　　我那身高 190 多公分的瑞士朋友 K 在蘇黎世政府工作。他曾經與同事一起參訪監獄，瞭解受刑人的生活環境。最近，他們更獲准進入蘇黎世機場的禁區，窺視航空運輸的運作狀況。當晚，大夥兒還在可以觀看飛機起

降的景觀陽臺用餐。我的瑞士好友 S 則曾經跟全公司的同事去懸索公園挑戰體能極限，另一次則是去釀酒廠製作啤酒。

歡樂的夏日慶典

對瑞士企業來說，最重要的公司活動就屬「夏日慶典」（Sommerfest）和聖誕晚會了。這是受邀人擴及全體員工的兩大盛會，也是行政部門嘔心瀝血規劃的大型活動。

當我初次得知公司舉辦夏日慶典時，腦袋馬上浮現了一圈問號。不過，仔細想想，每當夏天來臨，當地居民便恨不得多花點時間享受陽光，也難怪許多公司行號會以這個「正當」名目舉辦派對。而且，這湊巧也是華人慶祝端午節的時節。無論東西方，人們都歡慶夏日的到來。

去年六月，我便參加了人生中的第一個夏日慶典。那天公司大手筆承租蘇黎世湖畔的浴場，在現場搭建透

明尖帽式羅馬帳篷，擺設鋪陳白色桌巾的長桌及高腳桌。從那兒放眼望去，湖面波光粼粼，伴隨游水嬉戲的人們、停泊的帆船，以及對岸的丘陵與遠方白頭的阿爾卑斯山，構成最蘇黎世的夏日風情畫。

在和煦的陽光下，大夥兒一邊聊天一邊飲用無限量供應的酒水。現場更提供自助式烤肉沙拉吧、迷你蛋糕與雪糕等豐盛的餐點。另外，美國同事 F 還特別搬來自家的音樂器材，為大家播送 Live 舞曲，場子超熱。其實，F 算是 DJ 兼包包管理員，因為大家全把隨身包堆在他身後的牆邊，他便義務幫忙看顧哩。

溫馨的聖誕晚會

在華人社會，公司行號通常於農曆年前舉辦「尾牙」犒賞員工；歐美公司則習慣在聖誕節前夕舉行餐會，慰勞員工們一年來的辛勤奉獻。

因為聖誕晚會的商機無限，所以許多飯店與餐飲業者早在幾個月前便開始向各家公司推銷產品。例如：

我就職公司在炎熱的七月收到某家飯店贈送的宣傳品——吃了立刻上火的聖誕季點心「馬根香料麵包」（Magenbrot）。另外，當地人偏好在週四或週五辦理聖誕晚餐。對他們來說，週末將至的這兩天上班氣氛最為輕鬆，適合參加這種酒會多喝、舞會多跳的公司活動。

我人生中的第一個公司聖誕晚會是在一座大型溫室舉行的。會場上頭垂懸輕盈的藤蔓與蕨類，下方布滿棕櫚樹及各式各樣的盆栽，白色長桌陳列其中，氣氛既溫馨又浪漫。雖然外頭飄起白雪，但是裡頭的女士們穿著輕薄，環境又是一整片綠，瀰漫著春天的氣息。

現場的餐點採自助式，供應亞洲與瑞士菜色，甜點選擇也很多樣化。用餐期間，服務生還會主動增添酒水，讓你吃得飽，也喝得足。然而，並非所有的聖誕晚會都這麼優秀。聽說，有的瑞士企業主連續幾年招待員工吃起司火鍋，一家特別摳門的公司曾經只提供麵包香腸哩。

大公司、大預算、大卡司

　　有的臺灣公司會重金禮聘明星在尾牙開唱，但受邀對象通常侷限於臺灣本土歌手。有的瑞士企業也會力邀知名歌手表演，例如：出身弗里堡州在法語區小有名氣的出片歌手 jO Mettraux，曾經受我婆婆就職的不動產公司邀請，在聖誕晚會演唱；而瑞士最受歡迎的本土歌手盧卡・漢尼（Luca Hänni）則在我就職公司的晚會現身。當然，公司的規模和預算深深影響活動內容，有的表演嘉賓還可能是國際巨星來著的！

　　嘉能可（Glencore）是世界最大的商品交易商。它在富比士全球 500 強排行榜中排名第 14 位，是為阿爾卑斯山小國境內最有錢的公司。湊巧，和我有一面之緣的臺灣太太 K 便是瑞士嘉能可的前員工。聽聞，這家公司曾經砸錢聘請史汀（Sting）和傑米羅奎爾（Jamiroquai）等國際大牌歌手開唱，更加碼贈送員工 CD。身為兩位歌手的粉絲，我聽了都快要尖叫了。

　　無論在瑞士或臺灣，公司行號都會舉辦活動招待員工，藉此提升凝聚力。其實，不管聚會的形式或內容，

這都代表雇主美好的心意。尤其，大家能透過公司活動紓壓，與同事度過美好的時光，吃得開心、玩得愉快才是最重要吧。

與年資無關的無差別有薪假：
人人年假 20 天以上

在瑞士上班之後，我深刻體會歐洲人對於工作與生活之間平衡的重視。除了彈性工時，另一個最明顯的制度差異就是怎麼放有薪假了。

在臺灣，許多公司的新進員工並未享有特休，他們必須深蹲練功，熬過漫長的 365 天，累積一年的資歷，才能獲得 7 天不等的有薪假。（新制是任職超過 6 個月未滿一年，享有 3 天特休）接著，伴隨年資的增長，有薪假便逐年增加。不過，在有的公司，無論你工作多久，特休的總額便可能卡在某個天數，不能再高了。

這樣的制度體現了臺灣是一個極為講究年資的社會，不少民眾會有不切實際的迷思：一個人在一個地方待得比較久就比較懂、比較會，而公司也願意給予資深

員工比較好的福利。

然而，在工作崗位上，每個人所付出的時間及精力並沒有明顯差異，一天都是上 8 小時的工，為什麼老員工只不過比較早進入公司，便能享有天數較多的有薪假？這未嘗不是一種不平等、一種變相的歧視？

另外，差別性的特休制度也影響臺灣工作者的轉職意願，牽制上班族的職涯規劃。或許你曾經聽聞哪個朋友恨死自己的工作，被工作折磨得像鬼一樣，但是因為他捨不得放棄累積多年的資歷，以及相對較長的特休假，所以對轉職猶豫不決。「為了保住得來不易的有薪假，不願意換公司打掉重練」的理由聽起來很荒謬，卻真實存在於我們的社會。

尤其，更不得不提，就算上班族擁有名義上的有薪假，在申請假期的過程中也可能遭到刁難。甚至，有的老闆寧可把員工的特休假轉換成等值的薪水，也不願意讓他們在辦公室缺席。感覺上，臺灣老闆好像愛員工愛得卡慘死，無法忍受一天看不到他們呢。

帶著在臺灣職場打滾 6 年的記憶，當我閱讀新入職公司的合約時，我突然覺得眼前似乎降下一道天使之光，充滿光明喜樂。雖然我只是新進員工，但是合約明文規定——我一年擁有 25 天的有薪假，甚至比瑞士法定的 20 天多了 5 天。而且，我發現，公司全體同仁享有相同的福利，沒有年資多寡的差別待遇。比較不一樣的是，在許多瑞士公司，為了體恤大齡員工的體力不如以往，50 歲以上的員工可以獲得 6 週的年假。

　　至於怎麼請假呢？在入職當天，主管便寄給我整個部門的休假時間表，要求我填寫回傳。這張表格名列每位團隊成員以及代理人的姓名，還有休假日期。如此以來，職務重疊或相似的同事便可以避免在同一天放假，確保辦公室的正常運作。

　　最讓我驚訝的是，雖然公司是員工有幾百人的大型企業，但是請假不用跑流程，無需抱持戰戰兢兢的態度騎白馬過三關讓主管簽名同意。基本上，長假得事先寫在休假時間表供大家參考，而單天假只要在前一天口頭知會同仁或發個電郵通知即可。最後，自己在出勤時間表註明休假日。

回顧自己在辦公室工作的經歷，我未曾遇過如現在一樣輕鬆簡單的請假制度。我再也不用花時間填寫請假單告知休假的理由，再也不用面對等待簽呈時的忐忑不安或者上司的刁難。我深刻感受到自己是時間的主人，受到真正的尊重。

　　制度的形成有其文化背景，但是在更加講究人本價值的現代社會裡，我們可以反思現行的體制是否合乎時宜。每個人的時間都何其寶貴，沒有人有資格剝奪他人的時間，或者決定他人的時間。當人們能夠自由掌控自己的時間，才活得像個人呀。

正視職業倦怠的問題：
拒絕 Burn-Out，過勞死就會 Out

　　雖然英文不是瑞士的官方語言，但是在生活中不時可以看見英文字，例如：外帶服務叫 Take-Away，街頭小吃是 Street Food，六瓶裝和六塊腹肌都叫 Six Pack，停車場可以稱做 Parking 等等。職場上，人們則時常提起 Burn-Out。這個英文字到底是什麼意思？

　　美國心理學家賀伯特・弗洛登堡（Herbert Freudenberger,1926-1999）最早於 1974 年提出 Burn-Out 的術語，後來在歐美國家廣泛使用。這個英文字原意為「燃燒殆盡」，並衍生為職業過勞或職業倦怠的意思。試想，一位工作者如果像一根火柴把所有的能量燃燒殆盡，那是多麼疲憊的感覺，應該累到快要往生了？

　　根據瑞士聯邦經濟事務部的定義，職業過勞是一

種日積月累的疲憊狀態。假使勞動者不計一切代價追求卓越，承受龐大的工作量又缺乏休息，便會造成工作過度，工作過度長期累積下來就會導致身心疲憊。職業疲勞引發的過程並不易察覺，當事人也不會特別留意。當一位勞動者無法藉由休息時間，例如：平日下班後的夜晚、週末和假期來消除疲勞，這便代表他「過勞了」。

Burn-Out 是瑞士職場上常見的專有名詞。在我就職的公司，我便耳聞其他部門的幾個同事因為職業倦怠感覺不適，不得不請長假休息。待身心恢復健康，他們才重回工作崗位。我一位熟識的瑞士親友因為工作過度所引發的職業過勞，曾經在蘇黎世大學醫院病床上待了整整 10 天。對他來說，這根本是比黑洞還要黑的人生黑暗期。至此之後，他決定再也不過度加班。

依據瑞士健康促進協會的工作壓力指數調查，2016 年高達 25.4% 的工作者備感壓力，兩年後更成長至 27.1%，而且將近 30 % 的工作者感到疲憊。工作壓力影響勞動者的健康與生產力，造成了相當於國內生產總值的 1%，即每年 65 億瑞士法郎的損失。 ①

荷蘭烏特勒支大學兼比利時汶大學教授肖費利博士（Wilmar Schaufeli,1953-）曾於 2018 年發表歐洲職業倦怠研究報告。他發現，東歐和東南歐以及經濟表現較為低落的國家，職業過勞的比例較高。另外，他也觀察到在高度重視工作價值、缺乏治理或階級明顯的國家，人們比較容易遭遇職業倦怠。 ②

雖然阿爾卑斯山小國經濟表現卓越，又是治理良好、注重平權的民主國家，依據肖費利教授的研究報告，理應屬於職業疲乏偏低的國家，但是事實上，就歐洲整體狀況而言，瑞士職業疲乏的比例中間偏高，算是一種例外。

就肖費利教授所整理的指標，唯一能解釋這個現象的便是瑞士人特別注重工作價值。雖然瑞士工時普遍比亞洲國家短，有薪假也比較長，但是在歐洲屬於工時最長、年假最短的國家之一。甚至，當地人是如此地崇尚工作價值，曾經公投否決延長有有薪假，也不支持無條件基本收入。

另外，就個人推測，瑞士人追求完美的性格也迫使

他們面臨較高的職業過勞風險。因為他們大都擁有吹毛求疵的處女座性格，講究精準精確，所以嚴格要求工作表現。再者，瑞士實行自由經濟主義，以高薪吸引國際人才，是為地表工作最競爭的國家，工作者自然承受地表最高的競爭壓力。

有的亞洲人得知許多瑞士人為職業疲乏受苦時，腦袋浮現的第一個想法就是瑞士人的心靈好脆弱。或許因為他們生活在太美好的環境，豐衣足食，所以遇見生命裡的小麻煩時便覺得快要崩潰？其實，阿爾卑斯山小國人的心理素質並不會特別不強健。相反地，他們注重心理健康，正視自己的感受，所以一旦感覺不適便會尋求專業人員的協助，並積極地接受治療。

相較之下，亞洲國家的工時較長，年假也較短，勞動者所承受的工作壓力並不比歐美人少。然而，在社會風氣使然下，人們較不重視心理保健。甚至，對於保守人士來說，看心理醫生等於被貼上神經病的標籤，很丟臉。因此，在忽視職業倦怠，未積極解決問題的情況下，臺灣不時發生過勞駕駛造成交通意外或者工作者過勞死的新聞。

人的身體不是鐵打的，長期的過度工作會引發職業過勞。唯有勞動者不超時工作，獲得充分的休息，並誠實面對個人身心的感受，才能避免職業倦怠。最後，希望臺灣政府和雇主可以打造對工作者更加友善的環境，才能阻止過勞死的憾事發生。

---

① ob-Stress-Index 2018: Jede vierte erwerbstätige Person hat Stress (https://gesundheitsfoerderung.ch/ueber-uns/medien/medienmitteilungen/artikel/job-stress-index-2018-jede-vierte-erwerbstaetige-person-hat-stress.html)

② New Study On Burnout Across Europe (https://www.wilmarschaufeli.nl/new-study-on-burnout-across-europe/)

你敢直呼主管的名字嗎？

　　在臺灣或華人社會工作的你怎麼稱呼上司？因為階級觀念分明，一般來說晚輩不會直呼長輩的名諱，而員工通常也不會白目地直接叫喚主管的名字。我們大都會以「老闆」、「先生」、「董」、「總」或「經理」等稱謂冠上姓氏或名字的方式尊稱對方，那音調幾乎帶著90度鞠躬直角的謹慎。

　　我任職的公司是一家大型跨國企業，內部溝通語言以英文為主，中德文為輔。無論什麼國籍什麼職位，當大家使用英語交談時，全都直呼對方的名字，感受不到任何位階差異。甚至，上司與部屬可以互開玩笑。我認識的某位主管在上班時更會與大家分享網路瘋轉的搞笑影片或P圖，雖然有時候我覺得德國笑話乾到我乾笑時都要咳出血來，但我還是喜歡看。

縱使以英語交談時，大家都直呼名字，但是一旦把工作語言切換成中文，有的華人員工面對同樣是華人的主管，就會像換顆腦袋似的開始叫「×總」或「×老闆」，書寫中文電郵時，也大都以第二人稱的尊稱代詞「您」稱呼上司。雖然只是幾個字的差別，彼此之間卻像被瞬間移位那樣，從隔壁的柑仔店拉至兩個星系的距離。

其實，過去許多瑞士本土公司也注重尊稱的使用。在英文，第二人稱代詞只有 you 一字，但是德語、法語和義大利語裡卻存在「你」和「您」的差異，而且動詞還得隨主詞做變化，文法之複雜幾乎要顛覆中文母語者的世界觀。過往，瑞士員工便習慣以「您」稱呼上司，而這麼做的原因是為了合乎禮節，並不特別代表主管高人一等。不過，基本上除了銀行業和政府機關，就算在純德語的工作環境裡，現今越來越多員工會以「你」稱呼主管，甚至直喚他們的名字，而不是 ×× 先生。

稱呼用語的差異突顯了各個文化圈中員工與上司之間關係的不同。在華人社會，主管的地位特別崇高，可以單方面做決定，再對屬下發號司令。而且，就算內容有不合理之處，屬下通常會抱持使命必達的態度含淚執

行任務。在瑞士公司，他們採行較為民主的方式，主管和員工的關係較為平等，重視雙向溝通。

在我任職的公司，我便發現歐洲主管比較沒有架子，很樂意聽取員工的意見，而且無論什麼職位，大家時常坐在一塊兒做腦力激盪，集思廣益，最後達成共識。相較於亞洲籍的上司，我的德籍主管便比較不會硬性指派屬下任務，時常給予團隊成員自由發揮和做決定的空間。

相反地，依據個人在臺灣工作的經驗，我們比較重視年資與階級。因為位階低的通常得聽命於位階高的，所以許多員工不習慣表達意見。這一點實屬可惜。其實，就算主管是哈佛學霸，能力一流，也可能犯錯，而且一個人看待事物的觀點永遠只有一個，很難看透全局。如果能聽取不同的意見，才能看得更加全面，進而做出更好的決定。

加拿大籍暢銷作家麥爾坎 · 葛拉威爾（Malcolon Gladwell,1963- ）曾經點出僵化的階級觀念所帶來的問題。在 2008 年出版的著作《異數：超凡與平凡的界線

在哪裡？》（Outliers: The Story of Success）中，他便以1990年代大韓航空的高失事率做為例子，提出分析。

韓國人比華人更講究位階，人們初次見面時習慣互問年齡，再決定以敬語或半語交談，甚至保存晚輩向長輩行跪拜禮外加磕頭的習俗呢！在職場上，上司更擁有絕對的權威。1990年代大韓航空曾經發生好幾起飛安事故，被視為全球安全性最差的航空公司。其實，事故原本可以避免的。當時副駕駛發現機長做出錯誤的判斷，但是因為礙於權威，他只做了委婉的暗示，無法及時挽回嚴重的失誤。為了避免文化上位階差異的溝通不良，大韓航空遂規定機組人員捨棄韓語，全改以英語溝通，希望藉由語言的切換淡化位階差異，進而打破傳統位階的藩籬。

叫不叫主管的名字看似一個稀鬆平常的問題，卻關乎階級觀念，以及衍生的溝通障礙，其實是一門學問來著。近些年，有的中國企業開始向員工宣導停止對主管稱呼「×總」，而且在越來越多的華人公司內部，上司和部屬開始互稱彼此的洋名。有心改變，就是一個好的開始。

和主管一起吃飯，
誰付錢？

　　當你和主管一起吃飯，會自備錢包嗎？還是預知這將會是免費招待的飯局，打著吃免錢的主意赴約？我曾經在短短一個禮拜之內參加兩場餐會。因為邀請人來自兩個截然不同的文化圈，所以讓我深刻體驗了兩種相異的聚餐模式。

　　當時時逢炎熱的 7 月，正是瑞士的工作淡季，有的商店還會任性地貼上休假告示。在這個學校關閉，孩子放暑假的時節，許多瑞士工作者更會向公司請假，帶孩子去旅行。我的幾個同事與德籍主管 D 也老早在 7 月排休，紛紛輪流休假。

　　因為德國主管即將啟程度假，預計連續三個禮拜將不進辦公室，所以放假前他特地邀請所有團隊成員一同

共進午餐。D 的性格幽默風趣，說話有著德國人的一派直接卻不失禮貌，深受大家喜愛，因此 6 位同事全都答應參加這場聚會。

聚餐地點位於公司附近一家頗為熱門、裝潢講究的墨西哥餐廳。在那兒，餐廳經營者以一比一的比例在挑高的中庭牆面繪製墨式樓房，並擺設如假包換的仙人掌及棕櫚樹，把拉美巷弄之間的風景植入用餐環境。在現場，任誰看見了都會突然墨西哥魂上身，大唱 Mi Amor。

我們便沉浸在洋溢異國情調的氛圍裡閒話家常。瑞士同事 L 提高音調講述即將展開的歐陸火車旅行，把預計拜訪的城市唱名出來；義大利同事 N 述說上個禮拜的回鄉之旅；德國主管 D 分享兩個孩子的近況……。說到開心之處，每個人都咯咯地笑。

可惜，午休時間即將結束，我們得從遙遠的南美洲回到現實世界，還得面對一件急迫的事——結帳。

我們跟男服務生打聲招呼，示意準備結帳。過一會

兒，服務生便帶著帳單與錢包，直接走向德國主管。其實，他先找 D 臨桌服務的理由很簡單，因為 D 坐在長桌最裡頭的座位，符合某些侍者由裡向外結帳的習性。

德國主管瞄了一眼消費明細之後，便從皮夾掏出錢來。只不過，他所支付的金額不是總額，而是個人消費額。接下來，服務生便為在座的每個人一一結帳，有的人付現，有的人刷卡，折騰了好一會兒才結束。這就是所謂的 AA 制，每個人只支付自己點選的餐點和飲料，一分一角不差。

短短幾天後，我參加了另一場氣氛截然不同的聚會。

我們的部門聘雇了兩位來自蘇黎世大學碩士班的實習生。因為他們即將結束為期四個月的實習工作，所以貼心的亞洲主管 X 提出餞別餐會的主意，邀請和他們業務接觸較為頻繁的同事吃飯。而且，消息靈通的我很早便從熟識的女實習生口中得知這是 X 自掏腰包請客的聚會……。

午餐地點是距離公司僅幾百公尺的星級飯店。那天天氣晴朗，我們便選定在露天座吃飯，享受 7 月的陽光燦爛。餐廳的門面頗具格調，菜單選擇多樣化，其中不乏韃靼生牛肉、牛排和炸魚片之類的好吃料理，而且就算是當日套餐的菜色也毫不馬虎。

　　在餐桌上，我們有瑞士人、英國人、德國人、義大利人和好幾位華人，一共 12 人。亞洲主管坐在長桌中央，如摩西分紅海，把東西方同事劃分開來。歐洲同事大都自顧自地聊天，自成一圈；華人同事則聚在一塊兒操熟悉的普通話閒聊。我發現，雖然 X 很平易近人，但是華人同事說話仍舊保持分寸，不敢逾矩，話題往往很快便打住，好多時候我都忍不住想拿錘子打破空氣。

　　用餐完畢時，亞洲主管體貼地詢問大家：「要不要喝咖啡？」此時，每個人面面相覷，下一秒便不約而同地回答：「不用了。」我在心裡頭更暗自說道：「不好意思讓主管請喝飲料。待會兒回到公司，自己買一杯只要 0.5 瑞郎的員工價咖啡吧。」接著，我們便提醒女服務生結帳。

當侍者帶著帳單與錢包回來時，她並未如一般餐廳的習慣詢問：「一起結？還是分開結？」畢竟這是 12 個人聚餐的場子，分開結帳似乎比較符合常理。不過，就在她開始動作時，一位華人同事主動喊了一聲：「一起結！」這時候，女服務生睜大眼，露出極為震驚的表情。我想，在這個盛行 AA 制的國家，她應該很驚訝這樣一桌 12 人的午餐竟然會由一個人買單吧。

最後，主管從皮夾掏出自己的信用卡刷卡結帳。在場的每位同仁都向他道謝。直到今天，我仍舊很感謝 X 的招待。

相隔幾天的兩個聚會呈現了有趣的文化差異。西方主管和部屬像朋友話家常，而且大家吃飯通常都是各別結帳，上司不會特別掏錢邀請員工吃飯。相反地，亞洲主管與部屬相處時仍舊受到階級觀念的制約。但是，他們抱持「上位者有責任照顧下位者」的觀念，習慣請客，招待下屬吃飯。在中國，員工聚餐時，管理職請客便是普遍的現象。

過去，我在臺灣工作時，主管便會不時買個雞排或

奶茶招待員工，有種大家吃在一起、肥在一起的溫馨。
而且，同事之間似乎也認為主管薪資較高，理所當然得
掏錢請客。另外，主管也承擔較多照顧員工的義務，這
還包括「吃」這件事。兩種文化沒有哪個好或哪個壞，
全看你所處的環境，依照情況應對了。

AWA 要來勞檢了！
讓企業頭疼的經濟勞動辦公室

　　某個工作天的午後，我突然接獲 AWA 即將拜訪公司的消息。雖然同事們熱烈討論因應的準備工作，但是我因為摸不著頭緒而插不上嘴，心中更浮現好幾個問號。什麼是 AWA ？他們拜訪的目的是什麼？為什麼我們必須如此嚴陣以待？

　　按捺不住好奇心，我雙腳向右一滑，連人帶座轉了180 度角，向身後的主管提出疑問。

　　主管 D 特意壓低聲調，原本低沉的嗓音幾乎只剩下空氣振動：「AWA 是經濟勞動辦公室（Amt für Wirtschaft und Arbeit）的縮寫。他們會來公司查看環境，檢查工時與工作證件。這件事無需告知其他同事，避免引發恐慌。相關部門會做好份內的事，例如人事部會準

備工時紀錄表和外籍員工的工作許可等文件，設施經理必須吩咐清潔人員加強環境整潔等等。」

「那我是不是應該把身分證件帶在身上？」我語帶天真地問道。很明顯的，我整個人還在狀況之外，需要有好心人士把我拉至正軌。

D 還來不及回答，站在他身旁的同事便嚴正地告訴我：「依據瑞士法規，每個人都必須隨身攜帶身分證明文件。」

主管補述：「除了檢查證件，AWA 人員也可能抽問任何人的薪資、工時和假期。妳對自己的事最清楚，應當擁有即時回覆的能力。」

當天回家，我進門後做的第一件事就是把瑞士身分證放入皮夾。我也特別至蘇黎世經濟勞動辦公室的官方網站查看資料，做進一步的瞭解。

蘇黎世經濟勞動辦公室隸屬於蘇黎世州經濟局（Volkswirtschaftsdirektion）。這個機構執行多項任務，

例如：透過檢查、評估和核發許可證的方式避免工傷事故及職業病的發生。查驗工時與休息時間是否合乎勞動法；檢查及核發外籍工作者的工作許可，並確保合理的薪酬。另外，AWA 也會輔導失業者和處理失業保險，並且在住屋短缺時，保障市場供應價格合理的租屋。換句話說，AWA 幾乎包辦了關於工作的大小事。

AWA 檢查員還得不時走入民間出任務。依據 Tages-Anzeiger 的報導，2017 年蘇黎世經濟勞動辦公室一共拜訪 2,203 家企業，檢查 3,790 名工作者的薪資條件，其中查獲 553 個不合格的事例。另外，在打擊黑工方面，在蘇黎世州共有 1,584 家公司行號和 2,904 人受檢，並查獲 130 名黑工。 ①

不久之後，AWA 預告的檢查日來臨了。早上 7 點半，我便發現公司大樓前的兩個訪客停車位貼上了公告「8：00am ～ 1：00pm 預留給 AWA 的車位」；一進辦公室更發現好幾個通常比較晚上班的同事都在座位上了。

9 點過後，我所在的辦公室一如往常平靜。不過，櫃檯人員應當和 AWA 檢查員碰過面了。

　　時間大約來到 10 點多，公司的人事部主管和法務部人員全都西裝筆挺地現身。在他們之間站著一位身穿黑色套裝腳踩高跟鞋的短髮女士。一行人行經我所在的辦公室，我聽見同事向檢查員解說工作環境。最後，他們全都進了人事部辦公室，不知道聊了多久才離去……。

　　就這樣，AWA 的拜訪沒有帶來任何驚心動魄的戲碼。我沒有被檢查員抽問任何問題，沒有被要求出示證件。她像一陣風輕輕地來又輕輕地去，很多同事甚至不知道 AWA 的造訪。不過，相關部門可是瀰漫歡樂的氣息。聽說，當晚他們找了一家餐廳慶祝去了呢。

---

① Über 500 Fälle von Lohndumping (https://www.tagesanzeiger.ch/zuerich/region/ueber-500-faelle-von-lohndumping/story/13868220)

特別篇：
誰說上班族一定得天天工作？
許多任性的瑞士人就是不做全職工作

　　基本上，臺灣的就業形式劃分為「全職工作者」或打工仔和兼差工，人們對於「非全職工作」的印象通常偏限在餐飲業的時薪工或在家接案的SOHO族。而且，依據職訓局的勞動力發展辭典，只要是非全時的活兒，便如同定期契約工作、派遣勞動或自僱型工作等歸類為「非典型就業」。

　　然而，瑞士職場多了份彈性，在零星時數和100%全職工作之間存在各種「趴數」（Pensum）的職務，並不會把非全時工作視為「非典型」，例如：60%、70%和80%分別代表一週上3天、3天半與4天的班，我在求職網甚至見過10%，只需要上半天工的職缺哩。瑞士公司通常會精算每個職缺的工作量，並在招募廣告標註工時比例。有的求職者會專找非全職工作，有的全職工

作者更會主動向雇主提出調降工時比例的要求。

非全職工作者並非只是打工仔，
他們就是故意做兼職工作

　　在一般臺灣民眾心中，一份真正具有份量的工作得每天上班，每週做滿 40 小時。不過，無論辦公室的職務或零售業的工作，這兒都有非全職的就業形式。人們可以參考應徵廣告標明的工時比例選擇合意的職缺，或向雇主提出調整工時比例的要求。對瑞士人來說，無論「全職工作」或「兼職工作」都是可以傾力而為、引以為傲的職務。一般大眾也尊重人們選擇「不天天上班」的決定。

　　在我所屬的工作團隊，一個禮拜只有 3 天是全員到齊的。這不是因為隊友常翹班，而是出自於 U 和 N 工作時間的安排。瑞士同事 U 只有 24 歲，總是配戴一副黑色細框眼鏡，把她迷人的眼睛圈起來。雖然我天天上班，卻不會每天遇著 U。這是因為她仍舊是商業學校的學生，一個禮拜只有週二至週五進辦公室，其餘的時間

全都獻給了學習。

另一位義大利裔籍團隊成員 N 則固定週一至週四現身。因為他的職位並未到達 100% 的工作量，所以公司以 80% 的工時比例聘雇他。不上班的時候，他就會變身猛男，教授立槳衝浪課。U 和 N 的工作合約都明文規定一週四天的上班時間，他們也享有一般的員工福利，而這種工作模式在瑞士相當普遍。

另外，瑞士全職工作者也有權要求降低工時比例。某位臺灣友人的瑞士先生 W 是小學老師。在小國，教師屬於薪水不錯的族群；不過，他得時常設計和變更教材，花費許多心力備課，又必須處理學生在校的大小事，覺得心力交瘁。後來，他決定把原本 100% 的工時比例調降至 80%。雖然收入減少 20%，但是他的生活品質獲得了改善。

我的瑞士友人 J 原本是全職的專案管理經理。不過，自從生產後，J 必須花費許多時間照料孩子，因此她與主管商討調整工作量，最後決定把工時比例下調至70%，這代表每個禮拜她只需要工作 3 天半。現在她是

這樣安排時間的：週一、週三和週四進辦公室；週二上午帶著公司電腦在家工作；週二下午和週五不上班。

瑞士是歐洲非全職工作比例第二高的國家

依據瑞士聯邦政府的定義，勞動時間比例低於 90% 的活兒屬於兼職工作。2017 年，大約 1/3 的瑞士勞動人口為非全職員工，在所有男性工作者之中兼職的比例為 17.5%，而女性高達 58.6%。總體而言，瑞士全職工作的比例持續下降。1991 年男性全職工作者的比例高達 92.2%，但在 2017 年下降至 82.5%；這 16 年間女性全職工作者的比例則從 50.9% 降至 41.4%。① 根據經濟合作暨發展組織（OECD）的數據報告，2017 年在 35 個市場經濟國家之中，瑞士是繼荷蘭之後兼職工作風氣最興盛的。

瑞士人注重勞動價值，所以無論跟親友或陌生人見面，他們時常詢問對方的工作狀況。我就常被問：「你有工作嗎？」、「你做什麼工作？」和「最近工作怎麼樣？」而且，他們也會好奇我的工時趴數。每當我回答：

「100%，我天天上班。」時，他們大都會露出不可置信的表情。或許，對瑞士人來說，女人——尤其外國女性做全職工作不太尋常。

為什麼許多瑞士女性是非全職工作者？

在瑞士，大齡工作者在退休前通常會降低工作時數，作為職涯和退休生活之間的緩衝期。此外，許多女性也是兼職工作者，而她們大都擁有母親的身分。在阿爾卑斯山小國，假使一個女人生了孩子，通常會從全職轉為兼職工作者，甚至高達 1/4 生了頭胎的新手媽媽，會選擇完全離開職場。③ 這與社會制度息息相關。

首先，瑞士的保姆費高昂。為了節省開銷，夫妻兩人當中的低收入者（通常是女性）便得負責照顧孩子。或許你會提出疑問，為什麼她們不完全交由長輩照料孩子？別忘了，瑞士社會不走大家黏在一起的路線，人與人之間的依賴度較低，長輩並沒有照顧孫兒的義務，大都只會幫忙個幾天。

另外，許多瑞士幼稚園和小學並未提供營養午餐，孩子得回家吃飯，因此中午總要有人留守在家。有的學校會和一些家庭合作，提供類似午休安親班的「中午餐桌」（Mittagstisch）服務，不過因為價錢頗高，又以父母收入分級收費，所以就算時間遭到分割，很多家長尤其母親仍舊選擇在家做飯。

最後，「結婚懲罰」（Heiratsstrafe）也或多或少影響瑞士婦女做全職工作的意願。對於部分已婚人士來說，夫妻聯合報稅比兩人以單身身分各別申報繳交的總稅金多。這在小國稱為「結婚懲罰」，例如：如果兩人收入總和介於 15,100 至 18,300 瑞郎之間，結婚者比單身伴侶得繳交多 9% 的稅金；假使總收入高於 18,300 瑞郎，稅金差額更高達 10% 以上。④

就我認識擁有 15 歲以下孩子的瑞士媽媽，很少是全職工作者。住在阿爾高州的烏蘇拉擁有一對兒女。因為她的母親願意每週照顧孩子兩天，所以她把握空檔工作，其餘時間便待在家中照料孩子。另一位瑞士友人珊卓拉的狀況相同，而她在太陽能零件公司做一份工時比例 60% 的工作。

非全職工作對社會所帶來的影響

　　兼職工作的制度對媽媽來說是一大福利。生產之後，女人可以照顧小孩並保有工作，不用完全退出職場，不會與社會脫節。另外，在社會開放的趨勢下，越來越多男性做兼職活兒，分擔照顧孩子的工作或享受家庭生活。最重要的是，孩子在成長階段強烈需要父母的陪伴，從中獲得安全感和實質的關愛。所以，在工時比例彈性的制度下，瑞士家長更能安心陪伴自己的孩子，有益下一代身心的成長。

　　另外，在薪資足夠支持生活開銷的前提下，非全職工作者可以投注更多心力在學業或興趣之上。有的人會選擇降低工時比例，在不工作的時候上課進修，提升自己的競爭力；有的人則偏好享受人生，在不上班的時候做自己喜歡的事，進而追求夢想。

　　一份正當的工作並不代表一定得天天上班，花費100%的工時投入。在瑞士，兼職人員的比例越來越高。此現象代表在這個極為講究工作價值的國家，人們越來越重視工作與生活之間的平衡，追求生活品質。另一

方面，學生、母親和長輩也擁有更多進入工作市場的機會。總括來看，瑞士工作者可以自由地做選擇，是相當幸福的。

---

① Teilzeitarbeit (https://www.bfs.admin.ch/bfs/de/home/statistiken/wirtschaftliche-soziale-situation-bevoelkerung/gleichstellung-frau-mann/erwerbstaetigkeit/teilzeitarbeit.html)

② Part-time employment rate (https://data.oecd.org/emp/part-time-employment-rate.htm)

③ Teilzeit arbeiten rächt sich im Alter (https://www.tagesanzeiger.ch/forum/leser-fragen/teilzeit-arbeiten-raecht-sich-im-alter/story/12931792)

④ Welche Heiratsstrafe? (https://www.avenir-suisse.ch/welche-heiratsstrafe/)

電車上的進修教育廣告

Part **3**

高價值人才
是這樣練成的

都市傳說：
為什麼許多主管是德國人？

在瑞士居住頭幾年，我便從先生與朋友閒聊之間得知一個都市傳說——在德語區，許多公司主管擁有德國籍。我的研究所學妹 W 在中瑞士工作多年，她也曾經向我提及就職公司的部門主管，清一色都是德意志人。說巧不巧，我的直屬上司就是德國人呢。

德國人源源不絕地來

瑞士薪資高於鄰國兩、三倍，更提供大量的工作機會。而且，阿爾卑斯山小國擁有好山好水，以及高水準的生活品質，因此吸引眾多歐洲人前來淘金。現今，這兒的總人口一共 840 萬人，其中四分之一是外籍人士，而德國人便占了大約 30 萬人，為繼義大利人之後的第

二大外國族群。

　　德意志人大都集中德語區。因為許多公司雇用德國人，高等學校也招入大批德籍學生，所以當地德國社群的勢力相當龐大。當你走在街頭或搭乘交通運輸工具，便能不時聽見標準德語。尤其，德國人說話的母音像打了興奮劑一樣，在一片混濁低沉、土里土氣的瑞士德語環境中特別引人注目。

　　因為大批移民湧入，人口大幅增長，所以瑞士住屋市場供不應求，導致房價大漲。越來越多當地人引以為傲的綠地被怪手入侵，掏盡土壤，最後灌注混凝土興建房屋。2019 年位於杜本多夫（Dübendorf）的亞比塔（Jabee Tower）正式開幕，便標識了當地的住屋趨勢。這棟樓高 100 米，一共 32 層樓的玻璃帷幕建築號稱是「瑞士最高的公寓」。當初建商做行銷時，還特別強打「這是給都會人士和潮男潮女住的」（Für Metropolitan und Hipsters）的口號。看樣子，似乎唯有建造超高大樓才能疏解阿爾卑斯山小國人口爆炸的問題了。

　　某天，先生和登門拜訪的英國朋友 T 便熱烈討論

這個現象。其實,當我初次看見 T 時,完全無法從他的外表與口音判斷他的國籍,因為大半輩子在瑞士生活的 T 幾乎完全本地化,也看盡小國的改變。那晚,他和先生談論,自從德國人來了,有的村莊一改過往純樸的樣貌,變成熱鬧的小鎮。T 甚至提及,當年和他一起入職的德國同事,在多年後位階竟然三級跳,成為高階主管⋯⋯。

德國人比瑞士人還要有狼性

為什麼德國人在瑞士職場容易爬上大位呢?首先,他們擁有語言優勢。因為瑞士德語區是小國的經濟命脈,所以全國最重要的工作語言便是德語。雖然德語區人說瑞士德語,但是他們大都能操標準德語,書面文件更全以標準德語呈現。因此,母語是標準德語的德意志人便取得語言優勢,比其他外國人贏在起跑點。

這也和心性有關。瑞士德語區人對德國人的印象就是說話直接,比其他外國人勤奮。瑞士人極度注重禮儀,在顧及對方感受的考量下,他們通常不會直接表達

負面看法。相反地，德國人說話直接，可以不浪費半秒鐘告訴你他真正的意圖。另外，雖然瑞士德語區人與德國人做事都很勤奮，但是德國人似乎更有野心，懂得宣傳自己。我們常說中國人有狼性，德國人也是如此。

2009 年西北應用科學和藝術大學（University of Applied Sciences and Arts Northwestern, FHNW）曾經發布一項瑞士和德國直屬主管領導風格的比較研究報告。根據 252 份線上調查，大致上來說，瑞士主管關心全體員工的權益，管理模式較為民主，傾向於聆聽大家的意見，取得共識。相反地，德國主管較為獨裁，對屬下施予比較多的壓力。 ① 兩國人的領導風格差異顯著。

湊巧，我的直屬上司是一位德國人，而他曾經在團隊會議裡這麼說：「在工作上做了什麼，一定要讓別人知道。」在職場上，千萬不要默默做事、埋頭苦幹，自己的努力也要讓大家看見。換一個角度想，如果主管與同事知道自己的努力，不僅幫助自己博得好名聲，也可以增加升遷的機會呢。

獲得成功的手段

不過，假使拿捏不當，便可能出現過度表現的嫌疑。我的中國朋友 W 曾經與我分享她的個人觀察。在業務上，W 不時得發信向德國同事 B 請教問題。她發現，雖然她在收件人欄位只輸入對方的電郵地址，但是好幾次 B 回覆郵件時，會特意副本給主管。W 認為事情其實跟德籍同事的主管無關，沒有副本的必要。她推測，他這麼做的目的只是想讓上司知道他正在做事。

我的德籍同事 N 的作風也很獨特，通常只回覆副本給主管的郵件。我曾經聽聞好幾位同事抱怨，他不太理睬一般詢問信。後來，我從一位與 N 合作多年的同事口中得知，N 只會優先處理副本給主管的信件。這代表，他專回主管看得見的重要案件，不會浪費精力應付麻瓜同事。為了討上司歡心，矯情的賤人會特別選擇性做事。這算是辦公室版的清宮劇吧。

以上的事例可以歸類為個人行為，只是湊巧當事人都是德國籍。其實，進一步思考，職場如戰場，如果你渴望成功，便需要多一份企圖心，多使一些手段，踩著

別人往上爬。雖然對於有的行事低調的瑞士人來說，德國人太求表現、太高調，但是也因為如此許多德意志人在瑞士德語區獲得高階主管的職位。總而言之，這無關對錯，而是看你如何選擇了。

---

① von Miryam Eser Davolio, Eva Tov, Deutsche und Schweizer: Gegensätzliche Führungsstile bergen Konflikte (https://www.hrtoday.ch/de/article/deutsche-und-schweizer-gegensaetzliche-fuehrungsstile-bergen-konflikte)

打招呼：
擁有好人緣的祕密

　　自從我開始這份工作，與人接觸就變成一種日常必要。基本上，從早到晚無論我在哪兒走動，就算在電梯或廁所裡頭，只要見到人，我都會向對方打聲招呼。雖然我不是得天天面對客戶的服務員，但是我打招呼的次數絕對不會比他們少呀。

打招呼是一種必要

　　我就職的公司與好幾家企業合租一棟辦公大樓。每天早晨步入電梯，如果遇見同事或陌生人，人們習慣道聲「早安」（Guten Morgen），踏出電梯時再互祝「有個美好的一天」（Schönen Tag）。雖然很多時候我們不認識彼此，但是每每看見對方的笑容，接收溫暖的祝

福，總是讓人感到愉悅。

其實，不只早晨，無論在什麼時間點，只要與其他人共用電梯，大家通常都會說聲好。此外，如果時逢午休時間，離開電梯時可以祝福對方「享受午餐」；下班時，則可以道聲「有個美好的晚上」。

進入辦公室之後，大家習慣跟路過的同事打聲照面，說聲「早」。交情好的見面時還會握手擁抱，互問「你好嗎？」停留個幾分鐘閒聊幾句。週末或假日後第一天回到崗位時，熟稔的同事則會互問「你週末做什麼？」或「假期愉快嗎？」接著雙方便簡單分享自己怎麼度過不上班的日子。

除此之外，在一般工作時間，無論在哪兒遇見同事，也得打聲招呼，而且通常見著幾遍便得問候幾遍，不能厭煩。因為就職公司的員工很多，所以在辦公室裡走動時，我時常遇見同事迎面而來，有時候我一路上便覺得自己有種大明星的風采，人脈廣得必須不斷問好呢。

打招呼體現了尊重與禮貌

在瑞士，看見「人」，向對方打招呼體現了尊重與禮貌，無視於他人的存在是很失禮的行為。這也是為什麼去當地商店和餐廳看見售貨員及服務生時，打聲招呼是一種必要。除了人口密度較高的城鎮以外，外出遇著路人通常得向對方問好。比較講究禮節的瑞士人搭乘公車時還會像乖巧的好學生一樣跟大家打招呼與道別。甚至，在男女裸體混浴的桑拿，一般民眾開門進入桑拿室時，也習慣向裡頭脫得精光的陌生人說聲好呢。

瑞士是一個極度注重禮儀的國家。有的臺灣民眾可能認為好禮只是做表面功夫，但是仔細思考這種想要表達善意的意願絕不是做做樣子，而是出自真誠美好的心意。而且，如果把冷漠掛在臉上，對人不理不睬，在無意之間便可能傳遞負面訊息，反而在他人心中留下壞印象，甚至造成誤會。最重要的是，當人們主動表達善意，便能在彼此之間傳遞正能量，營造愉快的氣氛。

辦公室裡頭流傳的八卦 —— 臺灣人的好名聲

其實，在聚集幾十個國籍的員工的辦公室裡，並非每位同事都那麼友善可愛。人人都有一雙銳利的眼睛和一顆敏感的心，把每個人的行為表現看在眼底。有時候，大夥兒私底下聊天時，會說起哪個同事很讓人喜愛，或者哪個同事沒有禮貌，不會主動打招呼，忽視別人的問候。甚至，有的人還會分享心目中最喜愛的同事 Top 3 排行榜哩。

很有意思的是，某天當我和瑞士同事 P 閒聊時，他突然這麼告訴我：「你知道嗎？我和幾個瑞士同事發現，公司的臺灣人都好和藹可親，很讓人喜歡。」聽他這麼說的當下，我真覺得受寵若驚。人們常說，臺灣是最有人情味的地方，臺灣人大方又熱情，而我們也在海外的辦公室傳播這樣正面的形象呢。

雖然微笑和打招呼只是簡單的動作，但是你是否這麼做，別人都會記在心底，深刻地影響自己在他人心目中的形象。甚至，同事們也會在私底下議論誰缺乏了禮節。其實，並非只是為了提升自己在辦公室的好人緣，

當我們主動打招呼看見他人面露微笑，自己的心情也會
特別好，你說是嗎？

我被排擠了嗎？
為什麼瑞士同事只說瑞士德語？

在哪兒工作，就說哪種語言

　　瑞士是一個多語國家，跟臺灣差不多大的國土劃分為德語、法語、義大利語和羅曼什語區。大致上，職場的溝通語言以所在地為基準。例如：在德語區，工作語言大多是瑞士德語及標準德語，在法語區人們說法語，再以此類推。

　　而且，因為德語區聚集全國六成以上的人口，工作機會多，平均薪資高，所以如有能力及興趣，有的法語和義語區居民便會用力學好德語，跨越馬鈴薯煎餅及玉米粥鴻溝，到日耳曼地區求職。我和先生的交際圈裡，便有好幾位法語及義語區的朋友，在十多年前就離開家鄉來蘇黎世州打拚呢。

然而，依據業務性質及員工的組成狀況，德語並非日耳曼地區絕對的工作語言。我的義大利裔瑞士朋友 N 在金融界打滾多年，每次現身都梳理電影「教父」式的油頭，穿戴價值不菲的服飾配件。這些可不是打腫臉充胖子的行頭，因為他身後可有一棟位於黃金湖岸（蘇黎世湖東岸）的透天厝幫他撐腰。N 曾經告訴我，他就職的保險公司位於中瑞士，服務對象僅限於國內客戶，所以瑞士德語是工作語言，內部文件也以（瑞士）標準德語呈現。不過，他先前在一家跨國銀行工作時常說英語。

　　阿爾卑斯山小國四分之一的人口是外籍人士，境內高達 25% 到 30% 的工作者更受聘於跨國企業 ①，因此最重要的國際通用語言——英語便可能成為辦公室的工作用語。我所就職的公司便擁有來自世界幾十個國家的員工，所以英語是最主要的溝通語言，內部文件也大多以英文書寫。

瑞士德語區人只說瑞士德語？

　　然而，在瑞士職場，我聽聞不少外籍人士抱怨，每

當瑞士人聚在一塊兒都只說瑞士德語。其實，不只我周遭的例子，網路上也能輕易搜尋到當地外國居民埋怨瑞士人只說地方方言的情緒文。這算是我在瑞士居住多年以來，最常聽見的「不喜歡瑞士人」理由之一。

H 是一位精明幹練的香港女銀行家，在閱兵廣場的瑞士信貸總部工作。因為她的部門服務對象廣及全球，同事也來自世界各地，所以英語是主要的工作語言。不過，H 認為瑞士人不太友善，每次和他們開會，他們都會不自覺地以瑞士德語交談，讓她置身事外。

臺灣友人 R 曾經與我分享前德文老師的故事。她是一位德國人，後來從教學界轉職至一家瑞士保險公司。雖然那兒的工作語言是德語，但是因為同事大多是瑞士人，所以每當他們聚在一塊兒便自顧自地說起瑞士德語，這讓她覺得自己備受排擠。

其實，德國人面對只說瑞士德語的瑞士人就如同臺北人去天龍國外邦發現許多人只說臺語那般無可奈何。瑞士德語是一種阿勒曼尼方言，它和標準德語（即高地德語）之間的差距就如同中文之於臺語。雖然瑞士德語

與南德方言相似，但是南德人也需要花幾個月的時間適應與理解。許多德國人聽不懂瑞士德語，更何況非德語母語者？

就人性而言，人們傾向和相同母語者交談

不過，個人認為瑞士人聚在一塊兒說瑞士德語，並不帶有歧視的意味。就人性而言，人們傾向於和母語相同的人士交談。在文化背景類似的情況下，更能隨心所欲，輕鬆做口語交流。我便發現，公司裡頭劃分成好幾個語言團體，例如：幾個說西班牙文的同事幾乎天天在休息時間碰頭喝咖啡；好幾個義大利人也常聚在一塊兒閒聊。

一般大眾對俄羅斯人的刻板印象就是不喜形於色，習慣板著被西伯利亞冷風凍僵的臉孔，讓人難以接近。畢竟，他們來自一個把禮貌性微笑視為「假惺惺」的國家，當地甚至流傳了「沒有理由就笑是愚蠢的跡象」的諺語。

不過，我曾經在公司休息室瞥見幾個俄羅斯面孔熱絡地打招呼和聊天。當他們與同鄉聚在一塊兒，便展現快樂的真性情，這可跟我平日看見的形象天差地遠。在我看見他們嘻嘻哈哈的當下，還真以為西伯利亞的永凍土快要長出花來哩。

我也不得不承認，雖然我時常跟老外同事閒聊，但是無論聊得多麼深入或開心，我還是認為跟同樣說中文的華人同事交談最為輕鬆。當然，瑞士同事也是如此，偏好使用最熟悉的瑞士德語。只能說，「懶惰」是人類的天性。如果開會和聊天時能不用耗費腦力思考惱人的文法或思索確切的單字，自在說母語，這是最好不過的。

融入社會之必要

其實，瑞士境內的外籍人口比例與澳洲差不多高，但是我們未曾聽聞外國人抱怨澳洲人只說英語。相反地，瑞士德語區人在自己的土地說母語，卻躺著中槍。這樣對當地人未免也太不公平？再者，一位外國人在移

居瑞士德語區前，是不是應當事先瞭解當地的語言狀況，謹慎做決定？

另外，假使有心，外國人也可以成功學習瑞士德語。例如：我的臺灣朋友 S 在瑞士居住 20 多年，操了一口流利的瑞士德語，根本就是一位道道地地的瑞士地方太太。我的主管來自德國，在努力融入社會之後，也能完全理解瑞士德語。

最後，如果真的無法完全理解瑞士人的對話，不妨告訴他們：「我聽不懂瑞士德語，請問可以用標準德語或英語覆述嗎？」通常，他們會願意為你切換頻道或稍做解釋的。

---

① BIG BUSINESS
Switzerland's love affair with multinationals (https://www.swissinfo.ch/eng/big-business_switzerland-s-love-affair-with-multinationals/44342642)

來自上流社會的瑞士同事：
如何吸引大咖參加活動？

在工作崗位上，我執行多項任務，其中最有意思的便是協助安排各種規模的活動。如果你問我至今經手過最好玩的專案是什麼？我會毫不猶豫地回答「Gala Dinner」。

你或許曾經留意哪個社交名媛或好萊塢巨星穿著勘比戲服的浮誇行頭參加 MET Gala（美國紐約大都會博物館慈善晚會），因而認識這個外文字 Gala ？什麼是 Gala ？簡單來説，它意指正式的晚宴。在這種闊氣的場合上，女士們會花費比平時上百倍的時間挑選禮服和上千倍的心思妝扮，而男士們也會穿著剪裁合身的西裝，以人人都是大總裁的姿態帥氣登場。

做為此次晚宴專案的協調員，我參與了邀請函製作

和場地勘察等項目的工作。在前置作業階段，我們草擬了一份包含許多大咖的邀請名單，也查看了好幾個位於蘇黎世和巴塞爾的候選場地。基本上，只要時間允許，公司甚至願意砸錢承租蘇黎世歌劇院富麗堂皇的表演大廳。

雖然團隊成員大都擁有舉辦活動的經驗，但是辦理正式大型的晚宴算是頭一遭，因此大家有點兒摸不著頭緒。為此，我們特別召開一場會議，並且邀請一位瑞士籍主管 S 參與討論。

在這天之前我便曾經聽聞這位瑞士同事的名字。S 的姓氏包含「德」（de）字，直譯為「從某地來」的意思。在瑞士，擁有這種姓氏的家族通常非富即貴，其祖先要不是封建時代的貴族，不然就是富裕人士，根本是瑞士版的愛新覺羅。因此，我相當期待親眼看見這位來自上流社會的同事。

會議開始後，公司公關首先報告他的工作進度。接著，主持人便央求 S 報告他草擬的賓客邀請名單。

當主持人提及 S 的名字，我便抑制不住興奮，仔細打量了眼前這位來自瑞士名門的男士。根據頭髮的厚度及皮膚的鬆弛度，我猜測 S 有 40 多歲了。他的臉型修長，留了一頭瀏海稍長、稍微搖晃便飄動的復古西裝頭。雖然他配戴一副黑色粗框眼鏡，卻完全無法掩蓋那雙睿智的眼神。另外，他全身上下散發著德語區紳士獨有的優雅氣息。

　　此時，原本稍微沉悶的會議變得有趣起來。S 操著濃厚的瑞士德語腔英文報告受邀人狀況。他侃侃述說各個大咖人物的重要性，陳述哪個人和公司走得特別近或哪個人近期會升職，有意無意之間透露了他和受邀人的好關係，在商界很吃得開。

　　接著，他更對晚宴內容的設計提出意見：「這些政商名流看盡榮華富貴，也吃盡山珍海味。如果希望他們能出席這場盛會，一定得來點兒特別的吸引他們。」

　　此時，在座的每個人都聚精會神地聆聽，好奇 S 會提出什麼辦法。

S 繼續說道：「我們可以安排獨特的晚餐，邀請在瑞士享譽盛名的星級主廚 B 負責晚宴。一般來說，如果想在他的餐廳吃飯，得提前至少 6 個月訂位。這可是有錢也難買得到的服務。不過，要說服他出場並不容易，除非找個他的熟識說情，或者向他保證瑞士聯邦政府的高官或大批媒體將會出席盛會。因為提高知名度和曝光度正是他所喜歡的。」

　　「不然，也可以重金禮聘著名的音樂家，例如：前陣子在琉森文化會議中心（KKL）表演的瑞士鋼琴家 A 女士。她的演出費極高，但是極具號召力。我曾經參加過一場由她表演而聽眾只有幾個人的私人演奏會……。」

　　聽到這裡，我忍不住在心裡頭合掌膜拜起來，真心認為這位擁有貴族姓的同事是一位不簡單的人物。他的人脈如此廣闊，甚至可以成為這種私人演奏會的座上嘉賓。

　　「另外，我強烈建議邀請受邀人的另一半參加晚宴。因為當女人聚在一起，便容易聊起私人話題，可以

藉此拉近我方和受邀人之間的距離，順勢拉攏關係。另外，往後她們也可能與另一半談論當晚的種種，加深對方的印象。最重要的是，這些名流平時工作忙碌，特別珍惜與妻子、女友相處的時光。假使我們邀請他們的另一半，便能提高他們出席的意願。」

我在一旁聽得猛然點頭。不得不說，S相當瞭解上流社會人士的習性，知道他們的需求。其實，某部分他也是在表達自己的心聲吧。另外，認真想想，S所提出的意見都是很簡單的道理，只不過並非每個人都可以這樣設想周到。

「因為公司客戶大都集中在蘇黎世和巴塞爾，所以我們目前勘察了這兩個城市的場地。你建議在哪裡舉辦晚宴？」主持人開口詢問。

「蘇黎世人和巴塞爾人不怎麼喜歡彼此，所以我建議在第三地，例如中瑞士的——琉森舉行晚會。著名的布爾根施托克飯店（Bürgenstock Hotel）便是合適的地點。這是一家五星級豪華酒店，而且位置居高臨下，坐擁琉森湖壯麗的美景。」

這的確是事實，蘇黎世和巴塞爾兩個德語區大城互看不順眼很久了。做為百年世仇，每次兩大足球俱樂部對賽根本就像戰爭那樣火爆。布爾根施托克飯店則是無敵有名的奢豪飯店，尤其 2017 年翻修開幕後聲譽更高了。

「時間呢？ 7 月可行嗎？」主持人再次抓住了機會提問。

「時逢暑假，很多人會安排假期。我建議在國慶日之後，8 月的第二或第三週舉辦活動。另外，建議避免週末，盡量在平日時間舉辦晚宴。不然，也可以挑選週五，順便安排貴賓住宿，讓他們與家人一起放鬆休息。這將會是吸引他們出席活動的誘因。」

聽 S 分享意見的當下，我有種醍醐灌頂、智慧大開的通透感。做為一個來自臺灣中部鄉下的麻瓜，就我有限的見識，原本以為正式晚宴只不過是由奢華的場地、美味的餐點和精彩的表演堆砌而成的大拜拜活動。我未曾想見，在瑞士舉辦一場成功的高端晚會，必須注意如此多的細節。

做為名門之後，S 知曉瑞士政商名流的習性，因此他懂得揣摩他們的心理，想得出提高他們出席意願的方法。其實，無論舉辦什麼活動，只要設身處地為標的客戶著想，便能發現他們的需求，進而提供具有吸引力的服務，抓住他們的心呀。

展現本土特色的擺飾：
辦公室裡有一頭牛

　　我就職的公司是一家跨國企業，雇員來自全球幾十多國家。為了提升公司本地化的形象，某天相關部門公布了一項史無前例的計畫──我們將在櫃檯擺設一頭乳牛雕塑，還會附上簽字筆，方便來訪的客人在上頭簽名留念。

　　得知公司正在執行這樣的奇思妙想，我實在興奮無比。試想如果一頭牲畜真的闖入氣氛正經八百的辦公場所，那是多麼具有衝擊力的畫面。其實，把牛放置在室內的動作本身便是一種行為藝術，而雕像與辦公室所構成的空間就是一件大型裝置藝術，不是嗎？

　　說到代表瑞士的動物，除了聖伯納犬、土撥鼠和羱羊，最讓人備感親切的就是牛了。牛更是瑞士意象的

重要元素。當你在蘇黎世機場搭乘往返 E 區的接駁電車時，你可以看見耍瑞士大旗和少女海蒂閃動的投影，耳邊還會悠悠響起約爾德調、牛鈴聲，以及牛的哞哞叫聲。

瑞士以農牧業立國，雖然現今第一級產業比例不及 1%，但是牛隻在許多邦州仍舊幾乎處處可見，也培養了當地人對於這種動物的特殊情感。瑞士人到底有多麼熱愛牛？當阿爾卑斯山小國和外國球隊進行比賽時，有的瑞士粉絲會打扮成乳牛的模樣，或者搖晃牛鈴為國家隊加油。蘇黎世城內還有好幾家以牛命名的餐廳，例如：盲牛（Blinde Kuh）、瘋牛（Crazy Cow）和聖牛（Holy Cow!，即「天呀」的意思）。

另外，全球最大的跨國公共藝術展「乳牛遊行」（Cow Parade）更源自蘇黎世。1998 年瑞士藝術家瓦爾特 · 克納波（Walter Knapp）發想了乳牛裝置藝術的概念。當時，在這個名為「蘇黎世的鄉村風景」（Land in Sicht – auf nach Zürich）的計畫中，瑞士第一大城化身為露天博物館，展示了近 800 頭由玻璃纖維製成的實體尺寸的牛。它們全由 400 名藝術家個別裝飾設計，每隻都

是獨一無二的藝術品。

20 多年過去了，現今在蘇黎世城內仍舊可以看見當年展出的一頭雕塑牛。當你在老城區走逛，路過阿德勒旅館（Hotel Adler）時，便能望見 2 樓陽台上一頭名叫海蒂（Heidi）的乳牛。它全身抹著浪漫的淡藍色，睫毛很長，眼睛很美，而且軀幹以柔彩繪製了利馬特河的風景，蘇黎世的地標建築：市政廳、聖母教堂和聖彼得教堂全依著肌理聳立其間。那溫柔的畫風總讓我聯想起夏卡爾藍色調的、洋溢著幸福的畫作。

牛絕對是最能代表瑞士的動物。我支持行政部門的計畫，深信如果公司擺設一頭牛可以為辦公室增添瑞士元素，更能強化公司瑞士化的形象。

千等萬等，乳牛駕臨的日子終於來臨。我在第一時間便趕至現場湊熱鬧。那天，公司派出好幾個壯丁，猶如扛媽祖神轎大陣仗地把雕塑牛搬至櫃檯。這隻牛擁有傳統的白底黑花紋，脖子掛了一只銅鈴。不過，它的眼睛沒上顏料，所以呈現永遠在翻白眼的樣子。最後，在眾人圍觀之下，設施經理爬上梯子，在它的頭頂掛了一

個吊牌——歡迎來到 ×× 瑞士公司。

因為一頭這麼大的牛立在辦公室裡頭，實在太引人注目，所以只要是路過的同事沒有一個人會忽視它的存在。除了面露驚訝，很多人也提出疑問：「這是做什麼用的？」和「這是在哪兒買的？」有的人還會調皮地搖晃銅鈴，製造清脆響亮的噪音。

瑞士同事 D 是負責這項買賣的接口人。他告訴我，這頭牛原本由一家合作夥伴擁有。通常這種瑞士製造的雕塑牛價格落於 8,000 和 12,000 瑞郎之間，但是合作廠商以不可思議的優惠價轉賣給公司。聽到價格，一位亞洲同事很心動，覺得如果能買一頭放在家裡，會是很潮的室內擺飾。不過，我們一致認同，假如雕塑牛被不是費德勒的訪客簽了名，它的價格應該會大跌，跌到連二手店也不想收來賣。

最有意思的是，我發現亞洲同事和瑞士同事對於辦公室裡出現一頭牛的反應很不一樣。

亞洲同事拍照的火力特別猛烈，有的同事還會跟乳

牛排排站一起合照。不然，有的人會開玩笑說：「你騎上去我幫你拍一張。」或「在這裡應該設置『請勿跨騎』的立牌。」相反地，很多瑞士同事在初次看見牛時，露出非常困惑的表情。他們似乎難以接受這樣突如其來的改變，把乳牛視為闖進他們熟悉的環境的入侵者。

然而，雖然在第一時間瑞士同事對於辦公室的新擺飾表現出一種適應不良，但是如果有人調皮地搖晃銅鈴，他們仍舊會記得酒吧搖鈴的傳統說道：「你要請大家喝飲料囉！」

跨文化溝通能力：
一個大老闆贈送的禮物

　　每當同事有疑難雜症，時常尋求我的協助。我也很樂意盡我所能幫助他們。某天早上，亞洲主管 X 便踩著急促的腳步來到我身邊，開口提出一連串的問題。

　　「我今天有訪客，要帶他去城裡轉轉。妳知道列寧故居和伏爾泰酒館在哪兒？城內有沒有比較出名的咖啡廳？」

　　「我知道列寧故居和伏爾泰酒館在哪兒，附近還有一家超有名的肖伯咖啡廳（Cafe Schober）。我等一下會整理資料給您。」因為我在蘇黎世老城區跑跳幾百次，所以根本不需要動腦，只需要靠反射性反應便能回答這類初級的觀光問題。

老實說，就算不是本地居民，只要有心把手指移動至手機螢幕，在谷歌地圖敲打關鍵字，照樣能找出目標位置。不信，我可以馬上找出西非馬利共和國傑內（Djenné）的大清真寺或者南太平洋斐濟首都蘇瓦的塔波（Tappoo）購物中心給你看哩。

「他」對共產主義有感

言歸正傳，對臺灣人來說，列寧故居不是什麼很有意思的必踩景點。但是，對於共產主義國家的子民而言，那可是有機會便得去沾沾仙氣的聖地。列寧曾在瑞士前前後後待了 6 年半，1917 年當他從蘇黎世搭乘火車回到祖國後，便發動了驚天動地、徹底改變人類歷史的無產階級革命。

說來諷刺，其實，列寧不怎麼喜歡瑞士。起初列寧認為，這個幾乎家家戶戶擁槍的國家應該具有發動武裝革命的體質，潛能無限。不過，阿爾卑斯山小國讓他徹底失望了。他後來發現，在這個充滿中產階級市井氣息的社會裡，大家安居樂業，對革命無感。說穿了，當人

們的生活安定美滿，誰會突然發神經搞亂自己的人生？最後，列寧只好打消改造瑞士的念頭……。

很明顯地，主管的訪客對共產主義很有感，才會特別要求造訪列寧的故居。我更大膽推測，他應該跟 X 一樣持有紅麴醬色的護照。

「他」是一枚文青

其實，X 問起了伏爾泰酒館，讓我感到相當意外。私底下，每當我充當導遊帶領朋友走逛老城區，路過 Spiegelgasse 1 號時，我都會以高八度的聲調介紹伏爾泰酒館。雖然我期待他們至少能像日本人禮貌性地說聲「斯勾以捏」（スゴイね），但是他們通常只會回答「嗯嗯」，以最軟爛的方法表示接收到訊息了。當然，很少人會掏出手機拍照打卡。

到底伏爾泰酒館有多厲害？第一次世界大戰期間，一群流亡藝術家在這兒發起反藝術運動，就是有名的「達達主義」。在那個崇尚正經八百傳統美學的時代，

雨果 · 鮑爾（Hugo Ball, 1886-1927）身穿勁爆舞臺裝，公開朗讀胡亂拼字的「詩」。他把自己套在圓筒狀的衣褲裡頭，外罩以海報紙捲成的圓錐形披肩，兩隻道具手像兩串臘腸垂懸袖口，還戴了一頂只有《辛普森家庭》的美枝才可以駕馭的高帽子。現在看來，鮑爾的瘋癲狀況仍舊領先女神卡卡，更何況這還是100年前發生的事。

達達主義引領了20世紀超現實主義的發展，所以如果沒有達達主義，就沒有達利。說到這裡，我已經起了一身雞皮疙瘩。主管的訪客應該知曉伏爾泰酒館在藝術史的重要性，才會指名親自拜訪。他擁有難得的文藝素養，實屬文藝青年呀。

另外，這位訪客還有意光顧本地有名的咖啡館。縱觀歷史，咖啡館向來是人文薈萃之地，而蘇黎世的肖伯咖啡廳便曾經接待喬伊斯、列寧、赫塞和布拉姆斯，我更加確信這位訪客是文青來著。如果他加碼參觀蘇黎世大學，那他走的路線更升格到學院派。

因此，整理綜合資料來看，訪客對共產主義很有感，是一枚文青。我不知道他是誰，但是能夠獲得主管

高規格的接待，肯定是一位厲害的人物。

後來，我在谷歌地圖截圖，標示景點位置寄給了 X。隨即，他便離開辦公室，消失幾個小時了。

老闆送的那幅畫

到了下午，亞洲主管 X 踩著輕盈的步伐，帶著甜到不行的笑容回到辦公室。那滿溢的幸福感頓時把空氣都染成了粉紅色。我上次看見這樣的表情，應該是我爸我媽在我回臺補辦婚禮上的模樣吧。

除了甜蜜，他還帶回了一只與他身材不成比例的特長捲筒。他先以中文告知幾位華人同事：「剛剛我跟老闆見面。他送了我們一幅畫。」

此時，我在心裡頭納悶著：「誰是老闆？在瑞士，最大的老闆不就是總裁嗎？」

我很不識相地問道：「誰是老闆？」

主管回答：「就是三巨頭之一，Y 先生呀。」

哇，聽説 Y 先生向來低調，沒想到他竟然來到蘇黎世。

接著，主管説：「老闆送了一幅圖畫，這是他在瑞士花幾十瑞郎買的，希望我們可以掛在休息室。」當他看見幾名本地員工時，他又以英文向他們解釋：「大老闆送我們一幅畫，趕緊來看看是什麼樣子。」

很快地，現場聚集了不少中外員工，以主管為中心圍成一個圓。當主管抽出海報時，有的人幫忙拿捲筒，有的人捏著紙張的邊角，有的人忙著把紙卷攤開。這樣的場景猶如藝術收藏家在私人聚會展示珍藏畫卷的儀式。大家都屏息以待，好奇老闆到底送了什麼樣的畫。

當紙張攤開時，本地員工個個一臉狐疑，而華人員工露出「不懂」的表情。其實，主管口中説的畫，根本不是「畫」，而是一張印刷海報。而且，只要你在瑞士住上一段日子，便能認得海報中的人物，還有那身辨識度極高的阿彭策爾（Appenzell）傳統服飾。

在巨大的海報中，三位白髮老先生穿戴裝飾花朵的黑帽、白色短袖襯衫、紅背心，以及金杓子耳環，坐在木屋裡享用烤起司（Raclette）。餐桌上擺放一只專用熱爐、醃洋蔥和堆疊的起司，大齡主角們歡樂地把融化的乳酪推入餐盤或動手切盤子裡的馬鈴薯。下半部則打印一行廣告詞——

不可抗拒：阿彭策爾品牌是瑞士滋味最濃郁的烤起司（Unwiderstehlich: Appenzeller für das würzigste Raclette der Schweiz）

一位歐洲籍同事看了這麼說：「這是阿彭策爾起司的廣告。這個品牌最有名的口號是不能說的祕密配方。」的確，阿彭策爾起司廣告人物的招牌動作就是把食指放在嘴邊，強調產品的好滋味來自祕密配方。

另一位歐洲同事則回應：「老實說，這放在亞洲風格的休息室裡，有點兒不搭。」

不過，X仍舊意志堅決地向大家宣布：「這是老闆贈送的禮物，一定要掛在休息室。」隨後，他便吩咐行

政部門的同事把海報裱框。

　　無論歐洲或華人員工，大家都打從心底尊敬大老闆。不過，對於歐洲同事來說，這張海報是一種商業廣告，而且瑞士風格強烈，不太適合掛在亞洲味兒的休息區。相反地，華人同事把它視為至尊寶藏，認為有掛起來展示的必要。

　　現在，大老闆贈送的禮物就掛在公司休息區裡。當我們放鬆喝咖啡時，三位瑞士老先生歡喜吃烤起司的畫面便在旁陪伴著我們。

瑞士工作環境最棒的公司：
原來辦公室可以像主題餐廳

我認識臺灣朋友 M 幾年了，喜歡她爽朗的笑聲，更敬佩她獨立自主的性格。M 移居瑞士不久後便順利進入一家數位行銷公司工作。她的辦公室距離蘇黎世湖畔只有幾分鐘的腳程。我便曾經和她面對波光蕩漾的湖面一起共進午餐。不過，某天我獲知她就職的公司即將搬遷的消息。

原來 M 的公司業績長紅，和國際足球總部（FIFA）及瑞士零售業龍頭企業美高斯（Migros）等超級金主合作，在短短幾年內公司規模從員工 50 人擴充至大約 150 人。因此，他們急需搬遷至更為寬敞的辦公大樓。

幾個月後，我在臉書突然收到 M 私訊的邀約。她這麼問我：「妳和妹妹想不想來我的新辦公室看看？7

月 6 日星期五下班後，每個員工可以帶兩位親友入內參觀，現場還會準備酒水與食物。原本，我先生會帶孩子過來。不過，因為他臨時改變主意，讓出名額⋯⋯。」

在接獲邀請的當下，我便馬上登記參加。對我來說，參觀辦公室如同拜訪親友的住家，看看別人在什麼的環境裡工作或生活是一件有趣的事，也可以滿足自己某種程度的偷窺慾。

那天下班，我迫不及待地拎著肩包從辦公室直奔 M 位於蘇黎世城的公司。在建築入口處，長長的紅毯引領我至報到櫃檯。在 M 的陪伴下，我和妹妹做了登記。接著，員工充當的服務人員分別遞給我們一條專用手環，微笑說道：「戴上它，便能免費喝酒精飲料喝到飽了。」

M 直接帶領我們至 5 樓派對的主場地。那兒裝設了吧臺、高腳桌和舒適的沙發，以及觀看體育公開賽（Public Viewing）的場地。其實，他們才剛結束觀賞世足盃法國對烏拉圭的比賽。大螢幕正播放贏家狂喜輸家落寞的畫面，空氣尚存一絲激情吶喊的餘溫。M 的一位

法國同事更驕傲得像一隻高盧雄雞起身離去。

派對區兩旁全是豐盛的美食，例如：各式各樣的沙拉、佛卡夏麵包、烤薄餅、鷹嘴豆泥、炸鷹嘴豆球、烤牛肉和多種口味的蛋糕，所有的食物都是由員工準備的。幾天前，M 為了活動還卯起來上網搜尋臺灣味食譜，在家學習製作椰絲牛奶糕。所以，現場也可以看見這道家鄉甜點。另外，6 樓還加碼設置烤肉爐與爆米花機，供應現烤香腸和鹹味點心。

當然，人氣最高的地點就是可以喝到飽的酒吧了。在吧檯，工作人員提供酒水，也會依據需求調製混合琴酒與口味糖漿的酒精飲料，現場幾乎人人手握一杯啤酒或調酒。整晚派對區更播放熱門音樂，伴隨人聲鼎沸，氣氛熱絡，讓人完全忘記——這裡其實是辦公場所。

除了吃吃喝喝，當天的亮點就是可以看遍朋友的雇主精心打造、猶如多元主題餐廳的辦公室。這兒的每一層樓全是打通的，寬敞明亮，而且每張辦公桌都是升降桌，所有員工可以隨心所欲在任何時間點站立工作。另外，辦公空間還穿插了五花八門、多種主題的場景。

例如：某個樓層擺放了一艘貨真價實的木船，做為模擬水上情境的道具；另一層樓裝設迷你高爾夫場，方便員工打小白球紓壓。還有一層樓置入綠樹、木橋與佛像，營造亞洲禪風的意象。上班時走走小木橋，想像迎面吹來陣陣清風，轉換心情之後，靈感或許可以源源不絕喔。

在 2 樓，某個空間則懸掛衝浪板改造的鞦韆，並擺置紅白直條紋的躺椅，背景牆則是帆船水上遨遊的風景。在那裡坐躺彷彿能聽見浪潮拍打沙灘，以及海鷗盤旋飛舞的聲音。就算待在辦公室裡頭，心情也有辦法一秒轉換成度假模式。

緊鄰度假區的是一座蒙古包。圓形空間裡鋪設民族風地毯，擺放兩張小圓桌和墊子。如果把在裡頭玩自拍的照片上傳社交網站，還真會讓眾親友誤以為你身在蒙古。而且，當你關上堅固的小門，將充滿大漠風情的空間與外界隔絕，便可以充當會議室使用呢。

2 樓的某個牆面掛滿了海上旅行的人物與風景照。做為盡職的辦公室導遊，M 指著相片主動說道：「公司

會定期租下整艘遊艇，招待員工旅遊。我便曾經跟著同事，在希臘近海乘船旅行。不然，每年公司也會補助員工 2000 瑞郎，去非洲參加騎自行車的慈善活動……。」我想，這是我目前聽過最酷的公司旅遊和津貼了。

另外，辦公室好幾個角落放置了咖啡機與咖啡膠囊。因為這兒的員工可以免費喝咖啡，所以機器設備全都沒有投幣孔。對於工作勞累需要提神的上班族來說，能在不需要考慮荷包的情況下喝咖啡喝到飽，是很大的福利。除此之外，這家公司也無限量供應員工水果與啤酒。在瑞士，許多辦公室禁止飲用酒精飲料，這點便突顯了 M 的雇主的與眾不同。

其實，M 就職的公司被「工作好地方」（Great Place to Work）評選為 2018 年瑞士工作環境最棒的公司之一。在這樣的辦公環境裡，員工的表現如何？大家每天都在鞦韆上喝啤酒聊天嗎？我和 M 閒聊得知，其實在上班時間大家都很認真工作，並沒有什麼時間使用器材。甚至，她告訴我，她覺得自己得認真打拚，才對得起公司給予的福利。

數位行銷是相當重視創意的產業。M 的雇主投入大筆資金裝潢辦公室，用心打造一個猶如主題餐廳的創意空間，想必可以幫助員工做腦力激盪，獲得滿滿的靈感，而舒適的工作環境更可以多多少少提升雇員的產值。另外，這家公司還附設了沖澡間與類似專業 SPA 的休息空間。把公司當成自己的家，這不就是老闆很明顯的意圖嗎？

花錢別省：
想做就要做到最好

好一陣子，我所隸屬的部門正在籌辦一場公司活動。因為受邀對象廣及全體員工，規模很大，所以我們獲得一筆為數不小的預算。

某天我和牽涉這場活動的亞洲同事談起經費，她吃驚地回應：「怎麼那麼多錢？如果有剩，怎麼辦？」不過，下一秒，身為經驗豐富的採購人員，她說了一段極為耐人尋味的話：「不，應該不會剩餘什麼錢。老外一定會花光預算，不然就是算得剛剛好，把所有的錢都投注在活動之上。」

聽她自問自答的當下，我其實不太明白為什麼她會這麼說？我反而懷疑，她哪來的自信可以這樣斷言？然而，兩人之間的對話很快地轉移至其他話題，我的思緒

再也回不到起始的問號，所以錯過了提問的機會。沒想到，在籌辦活動的過程中，我意外找到了答案。

公司活動的其中一個節目是頒獎典禮。每位得獎人都可以事先瀏覽目錄選擇個人獎座的樣式。因此，廠商可以依據需求把獎項名稱和人名打印在指定設計的壓克力物件上。其實，只差打上兩個年份，購貨流程就跟某種紀念性石碑差不多了。

貼心的德國主管更特別指示為女性得獎人準備鮮花。我的工作便是從其他部門取得傑出員工的名單，統計女性獲獎人的總數，再把購花需求轉交採購人員。

在臺灣工作時，我曾經負責採購的項目，練就了「找便宜」和「殺價」的好功夫，因此獲得主管的指令後，我想都沒想便立馬查看了一家知名連鎖超市的網路花店。那兒價格最實惠的商品為一束 10 朵只要 13 瑞郎的玫瑰花，價位最高的是以粉紅、亮橘或鮮黃為主色調，單價 22 瑞郎的綜合花束。

個人認為無論簡單的玫瑰花或多一點兒巧思的綜合

花束都很美，尤其，後者以玫瑰和太陽花為主體，其間穿插幾片綠闊葉及幾把滿天星，充滿繽紛歡樂的氣息。我想，任何人只要獲贈這樣的花束，心情都會很喜悅。最重要的，這些產品都俗又大碗，價格便宜又符合需求。

最後，附上連鎖超市花店的資訊，我把訂花需求轉交採購人員。

很快地，對方這麼回覆我：「請問要訂哪一束？」

她的問題考倒了我。我只好請主管跟著我坐下來，一起面對電腦螢幕挑選花束。

主管看著眼前的花花草草，手指單價22瑞郎的綜合花束，兩手圍抱成環狀提問：「這會很大嗎？」雖然我們放大網路圖片，可惜無法透過線上扁平的影像看出體積。這就像透過水族箱玻璃觀測魚兒的尺寸，難度太高了。

「去年舉辦聖誕晚餐時，我們和一家花店合作。他

們的花束很大，做得相當精美。就和他們合作吧。」最後，主管放棄了平價網路花店，吩咐我找出那家商店的資料。

透過同事的幫忙，我找出了廠商，並把資料轉交採購人員。很快地，我收到了對方的答覆：「我們會幫忙訂購，但是請問預算多少？」

再一次，我請主管一起坐下來，問他預算有多少？

聽了我的提問後，他只想了一秒便回答：「至少35 瑞郎。」

我睜大眼睛驚訝地告訴他：「這是單價嗎？」

他答覆：「是的，每一束至少 35 瑞郎。雖然超市的花束價格實惠，但不是最好的選擇。如果想做事，就要做到最好。」

我仔細思考主管所說的話，感觸良深。雖然準備鮮花是件小事，我們的思維卻是如此地不同。過去在臺灣

工作時，上司通常囑咐我挑選價格最實惠、便宜又大碗的廠商，而我竟然把相同的觀念複製到瑞士的辦公室。相反地，德國主管抱持完美主義，不以價格而是以花束的美觀及大小為優先考量，硬是以三倍的價格買花。我突然覺得好羞愧，有種想挖個洞躲到地心去的衝動。

在頒獎典禮當天，廠商送來了 20 多束單價 40 瑞郎的花束。那是集結了玫瑰、太陽花、小雛菊、向日葵、芙蓉、滿天星，以及多種奇花異草的藝術品。把它捧在胸前，就猶如擁抱了整個夏日的美好。當我看見收下花束的同事展露燦爛的笑容，我可以肯定，主管的決定是正確的。

進修風氣興盛：
追求更好、更專業

　　走在瑞士街頭、搭乘電車或閱讀當地的報章雜誌，不時可以看見進修機構的廣告。甚至，參加聚會跟當地親友閒聊時，我更好幾次聽聞誰去了語言班或誰去修習了專業課程。每每聽見這樣的消息，我都會忍不住在心裡頭立正敬禮，由衷佩服他們能夠克服人類的天性——懶惰，打起精神去進修。反觀，下班後我通常累得只想廢在家裡，清理腦袋的硬碟空間……。

　　學習的類型劃分成好幾種，而我們可以如何定義「進修」（Weiterbildung）？它通常意指非正式教育體系內包含老師及學生兩個角色的教學活動，例如：修課、會議、研討會、私人課程或工作訓練等。依據瑞士聯邦統計局的資料，2016 年年齡介於 15 和 75 歲的常駐居民當中，有高達 62% 的比例曾經在過去 12 個月至少參與

過一次進修活動。①

地球人大都知道，小國的技職教育相當紮實，也擁有頂尖的高等教育，例如：依據 2017 ～ 2018 年度的世界大學排名，蘇黎世與洛桑聯邦理工學院便分別位居第 10 及 38 位。② 瑞士的正規教育就像一臺臺巨型人才製造機，培養了眾多擁有高度專業，符合各行各業需求的人士。

雖然離開學校時，他們已經練就一身好功夫，但是許多人不會從此廢功，而是不斷精進專業技能。在瑞士，25 ～ 64 歲的工作者之中有 65% 進行與職業相關的學習活動（28% 與職業無關）。很多企業也鼓勵員工進修深造。25 ～ 64 歲進行職業進修的人士當中便有 61% 獲得雇主的支持，譬如工時的配合或提供資源。

除此之外，職業工會更鼓勵工作者進修。一般來說，受共同勞動契約（Gesamtarbeitsvertrag, GAV）約束的勞方每個月必須從薪資直接扣除一點兒錢作為支持工會運行及談判的服務費。③ 有的工作者便有機會獲取進修的補助金。

舉職位屬於臨時人員的工作者為例，如果他受〈人員租借共同勞動契約〉（GAV Personalverleih）的約束，每個月又繳交薪資的 0.7% 作為服務費，工作一年他最多可以向專門機構（temptraining）申請 4,000 瑞郎的進修補助金。（這個金額折合新臺幣大約 12 萬元，再貼一些錢就可以買勞力士錶了）自 2012 年 7 月開始運作以來，temptraining 已經批准 26,000 份以上的進修申請，提供 4,300 萬瑞郎的補助。

　　我的同事 S 來自香港，說了一口流利的英文和法文。她曾經利用這個機構所提供的補助拿取商業學校的文憑，還去上德文課。而且，做什麼都拚了命的她，從 A1 一路學習至 C1 班，到達可以教導外國人德語的水平。

　　當然，不少工作者會自掏腰包進修。例如：幾年前，我先生自費去一家私人商業學校上課。在長達 3 年的時間裡，每週二及週四下班後他必須趕場去學校學習 3 個小時半。課後之餘，他還得花費許多時間寫作業。為了朝頂尖經理人的夢想邁進，自從去年底每週三他都會去市區的進修機構上課，當他回到家時，我早就熟睡了。

阿爾卑斯山小國的學習風氣相當興盛。許多人的自我期許很高，抱持「活到老、學到老」的態度不斷學習。M 是我在瑞士臺灣圈結識的中文老師，她便曾經向我提及她有一位高齡 90 歲的學生。雖然這位長輩退休多年，長居養老院，但是他仍舊堅持每週一次搭計程車去學校上中文課。

　　除了熱衷學習的理由以外，有的瑞士工作者更不得不持續進修。經濟上，阿爾卑斯山小國實行自由主義，開放人力市場，以優渥的薪資吸引全世界的專業人才。具有危機意識的工作者便會抱持積極的態度，提升個人專業，強化競爭力。對於事業心較強的人士來說，更得加倍努力，才能維持優勢。

　　此外，小國就業市場彈性高，公司解僱人員的門檻低。尤其，因為對於傳統的瑞士人來說，工作是天經地義的事，所以在這個講究勞動價值的國度裡，許多人並不允許自己因為喪失競爭力而失業。因此，持續進修，培養多元的職場技能，便能或多或少避免自己遭到裁員的命運。

在瑞士，進修的風氣興盛。人們不斷增進自己的專業能力，藉此強化個人競爭力。另一方面，這樣的做法也幫助他們實現自我，增添人生的精彩度。我特別驚嘆，雖然瑞士人擁有其他地球人欽羨的優質教育，但是許多當地人進入職場後仍舊持續學習。難怪他們狠狠地把我們甩開，讓我們幾乎看不見他們的車尾燈。這實在太逼死人了。

---

① Weiterbildung in der Schweiz 2016 Kennzahlen aus dem Mikrozensus Aus- und Weiterbildung (https://alice.ch/fileadmin/Dokumente/Themen/Forschung/MZB_2016.pdf)

② World University Rankings 2018 (https://www.timeshighereducation.com/world-university-rankings/2018/world-ranking#!/page/1/length/25/sort_by/rank/sort_order/asc/cols/stats)

③ Collective Labour Agreement 2018 Ground Personnel (https://sev-gata.ch/en/downloads/pdf/swiss/cla-2018-swiss-ground-personnel.pdf)

番外篇
簡歷怎麼寫？履歷表也要入境隨俗

　　某天，我邀請新認識的朋友 E 一起去辦公大樓的食堂用餐。她是長居美國加州的香港人，最近才與挪威籍先生移居蘇黎世。因此，我常在她身上看見新來乍到某地的興奮與好奇。

　　食堂位於 6 樓，我們挑選了一個緊鄰玻璃帷幕的座位坐下來。兩個人一邊閒聊，一邊享受眼前居高臨下的景致。縱使，這個新式建築林立的商業區完全沒有瑞士式的老房，與眾多亞洲新興城市面貌相同，一點兒也不美麗。

　　不過，我在這個與阿爾卑斯山農村風情畫相差十萬八千里的地方，竟然看見 10 頭實實在在的牛。不知道哪個農夫把牲畜牽來商業區稀有珍貴的綠地吃草？在現

代大樓之間現身的牛群，看起來像被設定錯誤的時光機送來的異種生物，默默等待未來人把牠們送回家。我在心裡頭做了總結：「這裡不愧是瑞士，有草的地方就有牛呀。」

過去在加州有份正職的 E 無法忍受無所事事的生活，正在積極找工作。她向我提出一個問題：「我在網路上發現一個符合自己條件的職缺。但是，履歷表要怎麼寫？」

我微笑回答：「怎麼說呢？我不是這方面的專家，我的履歷表都是交由先生訂正的。」當初，我完成英德文 CV 後便請先生幫忙校訂。畢竟，他是土生土長的瑞士人，也是公司主管，熟悉通用的格式。

E：「你有放照片嗎？」

我答覆：「有的，我先生的履歷表上頭也放了一張個人照。而且，碰巧前陣子我才跟一位人事部主管討論過這個話題。」

E：「她怎麼説呢？」

香港女孩的提問讓我回想起那晚和 S 的對話。我和 S 在共同朋友的生日派對中結識彼此。雖然那是一場私人聚會，她卻穿著上班族襯衫及褲裝赴宴，渾身上下散發女強人的氣場。擁有健康小麥肌和一頭金髮的 S 樣貌，神似「思華力腸名人」（Cervelat-Promi）——克莉絲塔・蕾葛琪（Christa Rigozzi）。① 我猜想，這兩位瑞士女人的聲帶應該也很像，因為她們説話的聲音一樣沉穩。

當時，我正在求職，心中存在不少疑問。因此當我得知 S 是某家公司的人事部主管時，我便把握機會向她請教幾個問題，例如：瑞士公司承認外國學經歷嗎？語言能力一定得附上認證嗎？

S 很有耐心地回答：「外國學經歷是被認可的。因為面試官可以口頭測試求職者的語言能力，所以不一定得隨信附上認證。而且，我發現，男性大都會高估自己的本領，實際的外語能力可能比履歷表自填的級數還要低。相反地，女性往往低估了自己。」

另外，我也提出心中最大的疑問：「履歷表到底要不要放照片？」在臺灣，大家都知道在 CV 貼上大頭照是基本常識，線上人力銀行也強烈建議這麼做，否則沒有相片的 CV 可能會被雇主視為「不完整」的簡歷。但是，我在網路上總能發現觀點截然不同的文章。這就像有的醫學研究聲稱喝牛奶有益健康，有的研究則嚴正警告大家少碰牛奶，我想破腦都不知道哪個才是正確的？

　　在我開口問了這個問題之後，S 先倒抽一口氣：「好多人問我相同的問題。」她神情凝重地說道：「照片實在深深影響了我的決定。」

　　S 接著回答：「在我所有收過的履歷表之中，80% 會附上頭像。可惜，有的照片並不妥當，例如有人貼上生活照、低胸照或年代久遠的老照片。對我來說，最好的相片是在專業攝影棚拍攝的，而且人像得面帶微笑，充分表現個人的正面特質。我認為，簡歷可以放照片，但是如果沒有好照片，寧可不放。」

　　回過頭來，E 聽了我的分享之後，面帶驚訝地告訴我：「我在加州求職時，履歷表是絕對不放照片的。那

妳在簡歷裡頭還提到哪些基本資料？」

我據實回答：「我提及了國籍、性別、地址，還有已婚的身分。以上資料都是跟我先生確認過的。」

E 的表情驚嚇指數又提升了一百度，說道：「在加州，這些資料都不能放，因為這牽涉了個人隱私。如果處理不當，可能引發性別或種族歧視的爭議，會被告的！」

我睜大眼睛回應：「好不可思議。或許和歐洲相較之下，美國是個人主義盛行的國家，所以更加注重這方面的隱私權？」

E 回答：「我倒是認為，因為美國是多種族的國家，所以對國籍及種族等議題特別敏感。」

我與 E 所提及的履歷表內容或許只限定於瑞士德語區和美國加州，僅供參考。在此提醒大家，在一個國家或地區求職時，在簡歷放不放照片，寫不寫詳細個人資料，請參照本地的做法。

因為文化差異，有些地方的做法可能像在瑞士商業區看見牛群一樣讓人驚奇。寫履歷表也要入境隨俗呀。

---

① 思華力腸是一種外型肥圓、混合豬肉與牛肉的香腸，去皮後可以直接生吃，也可以燒烤加熱食用。因為它在瑞士很受歡迎，所以素有「國民腸」的美稱。「思華力腸名人」便意指那些國際知名度不高，但在瑞士本土小有名氣的公眾人物。

番外篇
有沒有如何面試成功的八卦？

　　老實說，在找工作期間，一件難以啟齒的事一直壓在我心底。因為我是如此不願意面對這樣的挫敗，所以我決定選擇性失憶，不想承認——其實，早在開始求職的第一個禮拜，我便獲得了一個面試機會。

　　在全面啟動求職模式的第一天，我在線上人力銀行發現了一個合意的職缺。這個崗位的主要任務是處理行政事務，語言要求為英文、中文，以及基礎德文。在看見這則徵才廣告的當下，我立馬把網頁設為「我的最愛」，然後使出堪比中學時代準備段考的專注力來整理簡歷和求職信。最後，在瑞士先生修改後，我抱持神聖的態度寄出文檔。

　　或許這個宇宙真的存在一種叫做神的神祕力量，而

且祂還有一對耳朵能聽見我的心願。在寄出簡歷與求職信的當天，我便收到正面回應。幾天之後，我更與聯絡人確認了與部門主管 D 的面試。

　　這應該是繼我和先生閃電結婚之後，我人生中最順利的時刻了。一切都是這麼完美，讓我喜出望外。但是，很快地，我便陷入莫名的焦慮。最主要的原因是，做為閒置在家很久又沒有固定起床時間的地方太太，我竟然擔心早上 9 點的面試太早，自己的精神可能不好。而且，我的穿著隨性慣了，衣櫃裡完全沒有襯衫或西裝褲之類的面試戰袍⋯⋯。

投不投緣很重要

　　在面試當天，我從塞滿牛仔褲的衣櫃裡挑出一條黑色貼腿褲，再搭配簡單的 T 恤與羊毛罩衫。畢竟，我應徵的工作不是銀行員或精品店的櫃姐，只要穿得不要太邋遢，應該都說得過去。此外，因為前晚特地早睡，一早又喝了杯咖啡，所以我感覺我的思路清晰得可以解微積分了。

進入應徵公司的辦公室，感受繁忙的氛圍時，我的內心一陣激動。這家跨國企業座落於一棟寬敞明亮的玻璃帷幕建築，室內裝潢以灰色系為主，大量的盆栽更增添了份綠意。面對這樣摩登又不失溫暖的空間，我的腦袋不禁上演一齣自己領銜主演的都會職場劇，想像自己要是能在這裡上班，那該有多好……。

約定時間來臨時，一位頂著平頭，身穿襯衫及牛仔褲的歐洲男子前來訪客區迎接我。他的嘴角上揚，展露迷死人不償命的笑容。不過，我卻遲遲無法將目光從他的膚色轉移。那是一種 70 年代歐美人拚命曬日光浴、抹助曬油，想盡辦法弄成的焦銅色。我不禁在心裡頭默默計算，他到底在太陽底下曝曬了多久，才能有這樣的成果？

當我們在會議室坐下來之後，D 馬上壓著嗓子直接了當地告訴我：「妳和另一位女士是我從幾個應徵者中挑選出來的候選人。因為我急需人手，所以我今天會面試妳們兩位，並從中做決定。」這是一個五五波的生死決鬥。他將在我和一位女士之間做選擇，不是我錄取，不然就是她獲得工作。照理說，我應該緊張到嘔吐，但

是聆聽他說話的當下，我仍舊沉浸在初次面試的新鮮感，雀躍的心情竟然壓過任何負面感受。

D 先做簡單的自我介紹。他是德國人，在公司的年資剛滿兩年。接著，他開始解說部門架構與職務內容，然後把發言權交給我。我談起學生時代的主修、在臺灣的工作，還有寫作的興趣。他幾乎揮舞著雙手附和說道，他正在學習某種東歐語言，也把熱情投注於嗜好之上——他喜歡踢足球，更是一位業餘的足球教練。我想，我知道為什麼他的膚色很焦銅的原因了，而且我們似乎擁有幾個共同點，這是一個好預兆。

這個面試走的是快速約會路線，對方透過閒聊來評斷我們是否投緣，未來是否可以合作愉快？我並非健談的人，時常有找話題障礙。不過，我自認當天的狀況不錯，話說的比平時多。面試之後，我沒有直接回家，而是去市區逛街，心裡頭一邊開心地唱歌，一邊做著成為上班族的白日夢。

我從五五波敗陣下來

　　我抱持忐忑不安的心等待通知，可惜幾天後我獲知的結果是——D 認為我很不錯，但是他決定雇用另一名女士。我竟然在錄取率高達 50% 的應徵面試中敗陣下來，這可是我人生中很大的挫敗。雖然 D 稱讚我條件不錯，但是如果我真的夠好，他就會廢話不多說，毫不猶豫地錄取我吧？他這麼說的目的應該只是發給我「好人卡」，藉此減緩我錯失這份工作的痛楚。我的腦袋不禁陷入鬼打牆式的自我懷疑。

　　雖然我傷心欲絕，但是在現實生活中工作還是得照找。在接下來的日子裡，我繼續投履歷，更把目標從原本的辦公室工作轉移至銷售員及飯店櫃檯人員的職缺。然而，就算調整了目標，我收到正面回覆的次數仍舊是「零」，我幾乎百分百確定自己是貨真價實的魯蛇了。

從地方太太變成上班族的決心

　　曾經，通往瑞士工作的窄門在我面前狠狠地甩上，

但是在一股神祕力量的驅使下，它再次向我開啟。

一個半月之後，在我的心情沒有比失落更失落的時候，聯絡人突然發送電郵問我：「妳早先面試的職位重新開放了。妳想不想再次應徵這份工作？」我幾乎只花一分鐘的時間答覆郵件。幾天後，我便接獲二度面試的通知，面試官的名字叫做 V。

這次在訪客區接待我的是一位亞裔型男。V 穿著素色 T 恤、西裝外套與牛仔褲，腳踩像法拉利一樣美的義大利皮鞋。他擁有一雙濃眉、單眼皮眼睛和一身健康膚色，好似我少女時代追過的日劇男主角。不過，當他以中文向我說聲「你好」時，我便馬上從唯美浪漫的東洋愛情劇中抽離出來。而且，我們的面試不帶任何快速約會的成分。

「工作難免忙碌，妳認為有什麼辦法可以維持做事的效率？」在會議室裡，V 提出第一個問題。

「事情總有輕重緩急。首先衡量任務的重要性與急迫性，再依序處理，例如：優先處理急事，再應付一

般事務。而且，人一忙，難免忘東忘西，必要時寫張字條可以提醒自己。另外，善用電腦、製作表格整理資料也可以提升效率。」這算是我過往工作經驗的心得整理吧。

「公司員工來自不同的國家、不同的文化，溝通很不容易。對你來說，這會是一個問題嗎？」

「不會，我不認為這是問題。反而覺得有趣。就個人看法，不同文化的差異點在於不同的表達方式，並沒有人會惡意傳達負面訊息。很多時候爭端來自誤會，如果瞭解文化差異，做好溝通，便能解開心結。」此時，我的眼睛閃爍著興奮的光芒。其實，文化差異是我長久以來關注的議題。如果能在多元文化的工作環境裡上班，實在太有意思了。

「妳認為自己的優勢是什麼？」

「我重視準時，任務及時交付，不拖拉。而且，經過研究所的訓練，我擅長搜尋和閱讀資料。所以如果同事有事請教我，我可以幫忙解決問題，尋找答案。」

「公司的工作氛圍很忙碌。妳的家庭狀況可以支持這份工作嗎？」

　　老實說，我無法明白他的問題。所謂的家庭狀況是什麼意思？本人一向很擅長跳躍式思考。在腦袋快速整理所有問題的可能性之後，我直接提出疑問：「你的意思是我和先生有生孩子的打算嗎？」

　　聽我這麼問的當下，V 的眼睛一秒變成雙眼皮，露出驚恐的表情說道：「沒有這個意思！我的意思是，妳是否可以兼顧工作與家庭？」

　　我完全可以理解他的恐慌。在瑞士面試時提出「妳有沒有男友？」、「妳打算何時結婚？」或「妳想生小孩嗎？」等牽涉個人隱私的問題不僅有失專業，也很失禮，也難怪 V 的反應如此強烈。相反地，我永遠記得，多年前我在臺北初次參加工作面試時，面試官問了我「妳有男朋友嗎？」現在回想起來，這樣的提問實在粗魯白目到了極點。

　　「我的生活很簡單，就只有我和先生。在工作上，

我會全力以赴。」

「妳已經好幾年沒有上班了。為什麼妳突然想重返職場？」

其實，我也與自己對話好久，不斷自問：有什麼強而有力的理由，可以說服自己下定決心從地方太太變成上班族？我在這兒聽聞，有的女人在完成養兒育女的任務後想重回職場，卻再也找不到工作的故事。雖然我沒有孩子，但是我知道隨著年齡的增長，如果我越晚進入職場，機會就越少。因此，找到工作先累積經驗是一種必要。

另外，我認真想像自己接下來幾十年的生活。我沒有孩子，如果成天無所事事，每天就只能泡咖啡館喝下午茶。而且，我無法容忍自己變成無聊的人。雖然我對自己的人生並沒有設下「得諾貝爾獎」或「成為頂尖經理人」的期望，但至少也要做點兒事，不能太廢。

最重要的，工作可以創造現金流。雖然先生的收入可以讓我衣食無缺，但是做為體恤另一半的省錢主婦，

我總覺得花老公的錢很綁手綁腳，連多花 0.5 瑞郎買衛
生紙，都會陷入罪惡深淵。假使我成為上班族，便能擁
有自由支配的金錢。畢竟，女人要有收入，才能保障自
己的未來，不是嗎？想了這麼多，我決定了這樣的官方
說法：

　　「我剛拿到瑞士護照，想發揮自己的能力回饋瑞
士，還有融入當地社會，所以決定開始工作。」我堅定
地回答。

老公，我找到工作了

　　面試 4 天後，我便收到錄取的好消息。自此，我
在瑞士的生活便徹底改變。過往，我的睡眠時間很不固
定，時常亂睡一通。現在，我每天早睡早起。另外，對
我來說，週末假期也多了份意義，代表可以休息充電的
日子。而且，現在只要在商場看到喜歡的，我便會毫不
猶豫地拿出自己的卡結帳。

　　然而，按捺不住好奇心，我曾經打聽 D 最早錄用

的女士是什麼樣的人？為什麼她工作一個月之後便離職？從同事的描述旁敲推測得知，她的個性開朗外向又能言善道，遇見誰都能聊上幾句。我想，這位女士的優勢在於性格討喜，任何人初次與她接觸都會喜歡她，這也是為什麼當初她被錄取的原因吧。不過，我聽聞她比較缺乏工作經驗，疑似不適任而被辭退了……。

社畜，也可以很優雅：瑞士地方太太臥底全球最高薪國家的職場必勝心法／陳雅惠作 -- 初版 . -- 臺北市：時報文化 , 2019.06

面； 公分 . -- (View；62)

ISBN 978-957-13-7833-6（平裝）

1. 職場成功法

494.35   108008453

ISBN 978-957-13-7833-6

Printed in Taiwan.

VIEW 062

社畜，也可以很優雅：瑞士地方太太臥底全球最高薪國家的職場必勝心法

作者 瑰娜（陳雅惠）｜ **主編** 李筱婷｜ **編輯** 藍秋惠｜ **行銷企劃** 藍秋惠｜ **封面設計** 十六設計｜ **美術編輯** 吳詩婷｜ **發行人** 趙政岷｜ **出版者** 時報文化出版企業股份有限公司 10803 台北市和平西路三段 240 號 7 樓 **發行專線**—(02)2306-6842 **讀者服務專線**—0800-231-705 · (02)2304-7103 **讀者服務傳真**—(02)2304-6858 **郵撥**—19344724 時報文化出版公司 **信箱**—台北郵政 79-99 信箱 **時報悅讀網**—http://www.readingtimes.com.tw｜ **法律顧問** 理律法律事務所 陳長文律師、李念祖律師｜ **印刷** 盈昌印刷有限公司｜ **初版一刷** 2019 年 6 月 21 日｜ **定價** 新台幣 300 元｜ 缺頁或破損的書，請寄回更換

時報文化出版公司成立於 1975 年，並於 1999 年股票上櫃公開發行，
於 2008 年脫離中時集團非屬旺中，以「尊重智慧與創意的文化事業」為信念。